应用型本科计算机类专业系列教材

离散数学简明教程

主　编　付延友

副主编　史英杰

西安电子科技大学出版社

内 容 简 介

  本书是根据计算机类专业对离散数学的教学要求编写而成。全书共分 7 章，主要内容包括命题逻辑、谓词逻辑、集合、关系、函数、图论和树等。本书在叙述上深入浅出，简明扼要，并以众多的实例解释概念，使抽象理论转化为直观的认识。力求培养学生抽象思维、缜密概括和严密的逻辑推理能力，增强学生使用离散数学知识分析问题和解决问题的能力，为今后处理离散信息、从事计算机软件的开发与设计以及计算机科学和信息科学中的其他实际应用打好数学基础。

  本书可作为高职高专计算机应用技术、软件工程、计算机网络、计算机信息管理及其他计算机相关专业的教材，也可供对离散数学感兴趣的人员的参考学习。

  本书配有相关课件、练习题以及历年期末试卷，需要者可登录出版社网站，免费下载。

图书在版编目(CIP)数据

离散数学简明教程/付延友主编. —西安：西安电子科技大学出版社，2018.5
(2024.1 重印)
ISBN 978-7-5606-4916-0

Ⅰ.①离…　Ⅱ.①付…　Ⅲ.①离散数学－教学　Ⅳ.①O158

中国版本图书馆 CIP 数据核字(2018)第 076604 号

策　　划　高　樱
责任编辑　王　瑛
出版发行　西安电子科技大学出版社(西安市太白南路 2 号)
电　　话　(029)82202421　82201467　　　邮　　编　710071
网　　址　www.xduph.com　　　　　　电子邮箱　xdupfxb001@163.com
经　　销　新华书店
印　　刷　陕西日报印务有限公司
版　　次　2018 年 5 月第 1 版　2024 年 1 月第 4 次印刷
开　　本　787 毫米×1092 毫米　1/16　印张 10
字　　数　231 千字
定　　价　31.00 元
ISBN 978-7-5606-4916-0/O
XDUP 5218001-4

前　言

　　离散数学是现代数学的一个重要分支，是计算机科学中基础理论的核心课程，它在计算机技术的各个领域都有广泛的应用。离散数学以研究离散量的结构和相互间的关系为主要目标，其研究对象是有限个或可数个元素，充分体现了计算机科学离散性的特点。一方面，离散数学给后继课程，如数据结构、数据库原理、操作系统、编译原理、算法分析、计算机网络、人工智能和信息安全等，提供必要的数学基础；另一方面，通过学习离散数学，可以很好地培养和提高学生的抽象思维能力和逻辑推理能力，为学生今后继续学习和工作打下坚实的理论基础。

　　与微积分、线性代数等其他学科不同，离散数学是计算机工作者所必需的构造性数学的基础。计算机工作者和一般数学家不同的是，前者强调要把面临的问题解答出来，而不是仅仅证明解是存在的。从某种意义上讲，计算机工作者更为强调数学的一些非常基础的问题。一般数学家不一定考虑的问题，例如涉及人工智能和信息处理的许多根本性的原理性问题，计算机工作者反而需要考虑。因此，没有好的离散数学基础，计算机工作者将无法深入理解将来面临的新技术的核心思想。计算机工作者思维方式的数学化，必须通过离散数学的学习得到强化训练。

　　作为计算机专业的重要课程，我们在教学工程中精心组织教学内容，在强化学生理论基础的同时，注重理论与实践的结合，培养学生运用基本理论解决问题的能力。本书是作者在十余年教授"离散数学"课程的基础上，参考了国内外许多优秀的离散数学教材，结合自身的教学经验编写的。本书在内容组织上，既注重理论的完整性，化繁为简，又将理论融于具体的实例中，化难为易，以达到准确、清晰地阐述相关概念和原理的目的，使学生能够掌握本课程的基本概念、基本理论和基本方法，并得到对离散量处理的数学思维方式的训练，提高学生对离散量事物的认识、处理和应用方面的能力。

当今社会是一个信息时代，面临的信息是以离散量的形式出现的。为此，学习对离散量事物的认识、处理和应用显得尤为重要。所以，本书可以作为高职高专计算机类专业离散数学课程的教材，也可以作为提高各类非计算机专业的数学素养和数学思维训练的教材。

　　全书共7章，包括命题逻辑、谓词逻辑、集合、关系、函数、图论和树等。其中，第1、2章由史英杰编写，第3～7章由付延友编写。付延友对全书进行了修改、统稿和定稿。本书的编写和出版得到了西安电子科技大学出版社的大力支持，以及许多教师及业界同仁的帮助，收到了许多宝贵的意见和建议，在此表示衷心的感谢。编写过程中，我们参考了很多离散数学方面的教材和参考资料，在此也向文献作者表示感谢。

　　由于编者水平和经验有限，书中难免存在疏漏和不妥之处，恳请读者批评指正。

　　最后，再一次感谢西安电子科技大学出版社的编辑为本书的出版付出的辛勤劳动。

编　者

2018 年 1 月

目　录

第1章 命题逻辑

☞ **本章学习目标**

  • 理解命题、命题的真值、简单命题、复合命题、命题公式、真值表、等价公式、重言式、矛盾式、蕴含式、（主）析取范式、（主）合取范式等概念
  • 深刻理解五种联结词
  • 熟练掌握命题公式的翻译、命题公式的类型的判别及命题定律
  • 熟练掌握命题公式的（主）析取范式、（主）合取范式的求法
  • 熟练掌握证明两个命题公式等价的真值表法、等值演算法和主范式方法
  • 熟练掌握推理证明的直接证法和间接证法

    数理逻辑又称符号逻辑、理论逻辑，是用数学方法研究推理过程的科学。数理逻辑不仅是数学的一个重要分支，也是计算机科学的理论基础之一，在计算机电路设计、计算机程序设计、程序正确性证明、人工智能、系统规范说明等领域有着广泛的应用。广义上，数理逻辑包括逻辑演算、集合论、模型论、证明论、递归论。命题逻辑和谓词逻辑是数理逻辑的两个最基本也是最重要的组成部分。本章介绍命题逻辑，第2章介绍谓词逻辑。

1.1 命题及其表示

    数理逻辑研究的中心问题是推理，而命题是推理的基本单位。命题逻辑不是研究某一个具体命题的内容及其是否正确，而是研究命题之间的关系。在命题逻辑中，不再对命题进一步细分。

1.1.1 命题的概念

    定义 1.1 能够判断真假的陈述句称为命题。

    命题的判断结果称为真值。真值为真的命题称为真命题，其真值用 T（true）或 1 表示；真值为假的命题称为假命题，其真值用 F（false）或 0 表示。

    综上所述，判断语句是不是命题必须同时满足两个条件：一是语句必须为陈述句；二是语句有真值且真值唯一，不能同时既为真又为假。

    例 1.1 判断下列语句是否为命题。若是命题，则判断其真值。

    （1）5 是素数。

(2) $1+1=2$。

(3) 雪是黑色的。

(4) 别的星球上有人。

(5) 3018 年 1 月 1 日是晴天。

(6) $x+y=7$。

(7) 明天下雨吗?

(8) 公园里的人真多啊!

(9) 请勿攀爬!

(10) 天津离北京近。

(11) 小明的个子很高。

(12) $1+101=110$。

(13) 我正在说谎。

解 (1)～(3)是命题。(1)和(2)的真值为真,(3)的真值为假。

(4)是命题,虽然现在还不知道其真值,但随着科技的发展,终有一天能判断其真值。

(5)是命题,其真值暂时未知,但到 3018 年的 1 月 1 日就可以知道其真值了。

(6)不是命题,虽然(6)是陈述句,但式中含有变量 x 和 y,随着 x 和 y 的值的变化,其真值可以为真也可以为假,即真值不唯一,所以(6)不是命题。

(7)～(9)不是命题,它们都不是陈述句。

(10)和(11)不是命题,"距离远近"和"个子高矮"没有统一的标准,无法判断它们的真值,因此(10)和(11)不是命题。

(12)与上下文有关,当作为二进制的加法时,它是真命题,否则为假命题。

(13)不是命题。它是悖论,不能判断真假,因而不是命题。

1.1.2 命题分类

根据命题能不能进行划分,命题分为原子命题和复合命题。

定义 1.2 不能分解为更简单的陈述句的命题称为原子命题或简单命题;由多个原子命题组合成的命题称为复合命题。

例 1.2 判断下列命题是原子命题还是复合命题。

(1) 小明一边唱歌,一边跳舞。

(2) 小红和小丽是姐妹。

(3) 王芳既会英语又会法语。

(4) 如果明天天气好,李颖就去公园。

(5) 纽约不是中国的首都。

解 (1)是复合命题。它是由"小明唱歌"和"小明跳舞"两个原子命题组成的。

(2)是原子命题。姐妹是指两个人的关系,不能将其拆分成"小红是姐妹"和"小丽是姐妹"。

(3)是复合命题。它是由"王芳会英语"和"王芳会法语"两个原子命题组成的。

(4)是复合命题。它是由"明天天气好"和"李颖去公园"两个原子命题组成的。

(5)是复合命题。它是简单命题"纽约是中国的首都"的否定形式。

1.1.3　命题标识符

定义 1.3　表示原子命题的符号称为命题标识符。

在数理逻辑中，通常用大写字母表示命题，如 P：今天是星期一。命题标识符分为命题常量和命题变量。表示确定命题的命题标识符称为命题常量或命题常元；没有指定具体内容的命题标识符称为命题变量或命题变项。由于命题变量没有指定具体的内容，其真值不确定，只有给其指派一个具体的命题，才能确定其真值，因此命题变量不是命题。

1.2　逻 辑 联 结 词

通常情况下，多个原子命题由逻辑联结词联结成复合命题。因此，判断一个命题是否是复合命题，可以看命题中是否存在逻辑联结词。本节主要介绍否定联结词、合取联结词、析取联结词、条件联结词和双条件联结词。

1.2.1　否定联结词

定义 1.4　设 P 是一个命题，则 P 的否定是一个新命题，记为 $\neg P$，读作"非 P"或者"P 的否定"。$\neg P$ 的真值和 P 相反。若 P 的真值为真，则 $\neg P$ 的真值为假；若 P 的真值为假，则 $\neg P$ 的真值为真。其真值表如表 1.1 所示。

表 1.1　否定联结词"$\neg$"的真值表

P	$\neg P$
1	0
0	1

自然语言中表示否定的词语，如"非"、"没有"、"无"、"不"、"并非"等，都可以用否定联结词"$\neg$"表示。

例 1.3　给出下列命题的否定形式，并判断其真值。

(1) P：雪是白色的。

(2) Q：所有女同学都努力学习。

解　(1) $\neg P$：雪不是白色的。P 的真值为"1"，$\neg P$ 的真值为"0"。

(2) $\neg Q$：不是所有女同学都努力学习。Q 的真值为"0"，$\neg Q$ 的真值为"1"。

1.2.2　合取联结词

定义 1.5　设 P 和 Q 均为命题，则 P 和 Q 的合取为一个复合命题，记为 $P \wedge Q$，读作"P 合取 Q"或"P 与 Q"。当且仅当 P 和 Q 的真值均为真时，$P \wedge Q$ 的真值为真；其他情况下，$P \wedge Q$ 的真值均为假。其真值表如表 1.2 所示。

表 1.2 合取联结词"$\wedge$"的真值表

P	Q	$P \wedge Q$
0	0	0
0	1	0
1	0	0
1	1	1

在自然语言中，"与"、"和"、"且"、"一边……一边……"、"既……又……"、"不仅……而且……"、"虽然……但是……"等词语都可以用合取联结词"$\wedge$"表示。

例 1.4 判断下列命题能否用合取联结词"$\wedge$"表示。若能，则写出合取式；若不能，则说明原因。

(1) 张山既聪明又勤奋。

(2) 张山不是不聪明而是不勤奋。

(3) 张山不聪明但勤奋。

(4) 李白是诗仙并且雪是白色的。

(5) 小张与小李正在吵架。

解 (1) 设 P：张山聪明，Q：张山勤奋，则 (1) 可表示为 $P \wedge Q$。

(2) 设 P：张山聪明，Q：张山勤奋，则 (2) 可表示为 $\neg(\neg P) \wedge \neg Q$ 或 $P \wedge \neg Q$。

(3) 设 P：张山聪明，Q：张山勤奋，则 (3) 可表示为 $\neg P \wedge Q$。

(4) 设 P：李白是诗仙，Q：雪是白色的，则 (4) 可表示为 $P \wedge Q$。

(5) 不能用合取联结词表示，因为该命题是原子命题。

注意 在自然语言中，我们可将"李白是诗仙并且雪是白色的"看成病句，因为二者之间毫无联系。但在数理逻辑中是允许的，数理逻辑中并不强调语法关系，只关注复合命题的真值情况。

1.2.3 析取联结词

定义 1.6 设 P 和 Q 均为命题，则 P 和 Q 的析取为一个复合命题，记为 $P \vee Q$，读作"P 析取 Q"或"P 或 Q"。当且仅当 P 和 Q 的真值均为假时，$P \vee Q$ 的真值为假；其他情况下，$P \vee Q$ 的真值均为真。其真值表如表 1.3 所示。

表 1.3 析取联结词"$\vee$"的真值表

P	Q	$P \vee Q$
0	0	0
0	1	1
1	0	1
1	1	1

自然语言中,词语"或"具有二义性,既可以表达兼容性或(可兼或),也可以表达不兼容性或(排斥或)。如:李宁学习过英语或德语是可兼或,王芳爱唱歌或跳舞是可兼或;T123 次火车 7 点半发车或 8 点半发车是排斥或,派小王或者小李去出差是排斥或。由析取联结词的定义可知,析取联结词"∨"为可兼或。

例 1.5 判断下列命题能否用析取联结词"∨"表示。若能,则写出析取式;若不能,则说明原因。

(1) 李明爱打篮球或踢足球。

(2) 小丽从筐里只能拿一个苹果或拿一个梨。

(3) 今天是星期一或星期二。

解 (1)为可兼或。设 P:李明爱打篮球,Q:李明爱踢足球,则(1)可表示为 $P \lor Q$。

(2)为排斥或。设 P:小丽从筐里拿一个苹果,Q:小丽从筐里拿一个梨,则(2)可表示为 $(P \land \neg Q) \lor (\neg P \land Q)$。

(3)为排斥或。设 P:今天是星期一,Q:今天是星期二,则(3)可表示为 $(P \land \neg Q) \lor (\neg P \land Q)$。

注意 在(3)中,因为今天是星期一和今天是星期二不能同时成立,所以(3)也可表示为 $P \lor Q$。

1.2.4 条件联结词

定义 1.7 设 P 和 Q 均为命题,则 P 和 Q 的条件命题为一个复合命题,记为 $P \to Q$,读作"若 P,则 Q"。其中 P 称为条件的前件,Q 称为条件的后件。当且仅当前件 P 为真,后件 Q 为假时,$P \to Q$ 的真值为假;其他情况下,$P \to Q$ 的真值均为真。其真值表如表 1.4 所示。

表 1.4 条件联结词"→"的真值表

P	Q	$P \to Q$
0	0	1
0	1	1
1	0	0
1	1	1

$P \to Q$ 表示的逻辑关系是 P 是 Q 的充分条件,Q 是 P 的必要条件。在自然语言中,"只要 P,就 Q"、"P 仅当 Q"、"只有 Q,才 P"、"除非 Q,才 P"、"因为 P,所以 Q"等都可以用复合命题"$P \to Q$"表示。

注意 自然语言中的"若 P,则 Q",P 和 Q 有着某种内在联系。但是在数理逻辑中,P 和 Q 不一定有关联。例如:"如果雪是白色的,那么太阳从西方升起"在数理逻辑中是一个复合命题。

例 1.6 判断下列命题能否用条件联结词"→"表示。若能,则写出条件式;若不能,则说明原因。

(1) 如果明天天气晴朗，我们就去郊游。

(2) 仅当语法完全正确，程序才能运行。

(3) 只有年满 18 周岁，小王才有选举权。

解　(1)设 P：明天天气晴朗，Q：我们去郊游，则(1)可表示为 $P \rightarrow Q$。

(2)设 P：程序语法完全正确，Q：程序能运行，则(2)可表示为 $Q \rightarrow P$。

(3)设 P：小王年满 18 周岁，Q：小王有选举权，则(3)可表示为 $Q \rightarrow P$。

1.2.5　双条件联结词

定义 1.8　设 P 和 Q 均为命题，则 P 和 Q 的双条件命题为一个复合命题，记为 $P \leftrightarrow Q$，读作"P 当且仅当 Q"。当且仅当 P 与 Q 的真值相同时，$P \leftrightarrow Q$ 的真值为真；否则，$P \leftrightarrow Q$ 的真值为假。其真值表如表 1.5 所示。

表 1.5　双条件联结词"$\leftrightarrow$"的真值表

P	Q	$P \leftrightarrow Q$
0	0	1
0	1	0
1	0	0
1	1	1

"$\leftrightarrow$"称为双条件联结词，类似自然语言中的"当且仅当"。同前面的联结词一样，双条件联结词连接的两个命题之间可以没有任何内在联系，只要能确定复合命题的真值即可。

例 1.7　判断下列命题能否用双条件联结词"$\leftrightarrow$"表示。若能，则写出双条件命题，并判断真值。

(1) $2+2=4$ 当且仅当 8 是偶数。

(2) $2+2=4$ 当且仅当 8 不是偶数。

(3) $2+2\neq 4$ 当且仅当 8 是偶数。

(4) $2+2\neq 4$ 当且仅当 8 不是偶数。

解　(1)设 P：$2+2=4$，Q：8 是偶数，则(1)可表示为 $P \leftrightarrow Q$，真值为真。

(2)设 P：$2+2=4$，Q：8 是偶数，则(2)可表示为 $P \leftrightarrow \neg Q$，真值为假。

(3)设 P：$2+2=4$，Q：8 是偶数，则(3)可表示为 $\neg P \leftrightarrow Q$，真值为假。

(4)设 P：$2+2=4$，Q：8 是偶数，则(4)可表示为 $\neg P \leftrightarrow \neg Q$，真值为真。

1.3　命题公式与符号化

1.3.1　命题公式

定义 1.9　(1) 单个的命题变元和命题常量是命题公式。

(2) 如果 P 是命题公式，那么 $\neg P$ 也是命题公式。

(3) 如果 P、Q 是命题公式，那么 $P \wedge Q$、$P \vee Q$、$P \rightarrow Q$ 和 $P \leftrightarrow Q$ 也是命题公式。

(4) 当且仅当能够有限次地应用(1)、(2)、(3)得到的包含命题变元、命题常量、联结词和括号的符号串是命题公式(又称为合式公式，或简称为公式)。

命题公式的定义是以递归的形式给出的，其中(1)称为基础，(2)、(3)称为归纳，(4)称为界限。

例 1.8 判断下列式子是否是命题公式。

(1) $(P \rightarrow Q) \wedge R$；

(2) $((P \wedge Q) \vee R \rightarrow S)$；

(3) $(P \vee Q)R$；

(4) $(P \leftrightarrow Q, \neg R)$；

(5) $(P \leftrightarrow Q) \vee \neg (R \rightarrow P)$；

(6) $(P \wedge Q) \vee \neg P$；

(7) $(P \vee Q) \vee R$；

(8) $P \rightarrow (Q \vee)R$；

(9) $((P \leftrightarrow Q)$。

解 根据命题公式定义可知，式(1)、(2)、(5)、(6)、(7)是命题公式，(3)、(4)、(8)、(9)不是命题公式。

1.3.2 命题的符号化

把自然语言中的一些命题转化成数理逻辑的符号化形式，这个过程称为翻译或符号化。在进行符号化时，首先明确给定命题的含义，其次找出命题的各个原子命题，并进行符号化，最后选取合适的逻辑联结词，将原子命题连接起来，组合成复合命题的符号化形式。

把命题符号化，是不管具体内容而突出思维形式的一种方法。注意在命题符号化时，要正确地分析和理解自然语言命题，不能仅凭文字的字面意思进行翻译。

例 1.9 将下列命题符号化。

(1) 张平和王宁都会讲法语。

(2) 占据空间的、有质量的而且不断变化的称为物质。

(3) 占据空间的有质量的称为物质，而且物质是不断变化的。

(4) 如果今天天气好，我就去健身，否则我在家里看电视。

(5) 如果张平和王宁都不去开会，则李华去开会。

解 (1) 设 P：张平讲法语，Q：王宁讲法语，则(1)可表示为 $P \wedge Q$。

(2) 设 P：它占据空间，Q：它有质量，R：它不断变化，S：它称为物质，则(2)可表示为 $(P \wedge Q \wedge R) \leftrightarrow S$。

（3）设 P：它占据空间，Q：它有质量，R：它不断变化，S：它称为物质，则（3）可表示为 $((P \wedge Q) \leftrightarrow S) \wedge (S \rightarrow R)$。

（4）设 P：今天天气好，Q：我去健身，R：我在家看电视，则（4）可表示为 $(P \rightarrow Q) \wedge (\neg P \rightarrow R)$。

（5）设 P：张平去开会，Q：王宁去开会，R：李华去开会，则（5）可表示为 $(\neg P \wedge \neg Q) \rightarrow R$。

1.4　真值表与命题公式的分类

1.4.1　真值表

定义 1.10　设 A 为 n 元命题公式，P_1，P_2，$\cdots$，P_n 是出现在命题公式 A 中的命题变元。给 P_1，P_2，$\cdots$，P_n 各指定一个真值，称为对公式 A 的一个赋值。将命题公式 A 在所有赋值下的取值情况列成表，称为公式 A 的真值表。

一般地，在含有 n 个命题变元的命题公式中，共有 2^n 种赋值。构造真值表的基本步骤如下：

（1）找出公式中所有的命题变元 P_1，P_2，$\cdots$，P_n，按二进制从小到大的顺序列出 2^n 种赋值。

（2）当公式较为复杂时，按照运算的顺序列出各个子公式的真值。

（3）计算整个命题公式的真值。

例 1.10　构造下列命题公式的真值表，并求其成真赋值和成假赋值。

（1）$P \vee \neg Q$；

（2）$P \wedge (Q \vee \neg R)$；

（3）$(P \rightarrow Q) \wedge Q$；

（4）$(P \wedge \neg Q) \leftrightarrow (Q \vee R)$；

（5）$(P \rightarrow Q) \vee P$；

（6）$P \wedge R \wedge \neg (Q \rightarrow P)$。

解　（1）$P \vee \neg Q$ 的真值表如表 1.6 所示。

表 1.6　$P \vee \neg Q$ 的真值表

P	Q	$\neg Q$	$P \vee \neg Q$
0	0	1	1
0	1	0	0
1	0	1	1
1	1	0	1

由表 1.6 可知，$P \vee \neg Q$ 的成真赋值为 00，10，11，成假赋值为 01。

（2）$P \wedge (Q \vee \neg R)$ 的真值表如表 1.7 所示。

表 1.7 $P \wedge (Q \vee \neg R)$ 的真值表

P	Q	R	$\neg R$	$Q \vee \neg R$	$P \wedge (Q \vee \neg R)$
0	0	0	1	1	0
0	0	1	0	0	0
0	1	0	1	1	0
0	1	1	0	1	0
1	0	0	1	1	1
1	0	1	0	0	0
1	1	0	1	1	1
1	1	1	0	1	1

由表 1.7 可知，$P \wedge (Q \vee \neg R)$ 的成真赋值为 100，110，111，成假赋值为 000，001，010，011，101。

(3) $(P \rightarrow Q) \wedge Q$ 的真值表如表 1.8 所示。

表 1.8 $(P \rightarrow Q) \wedge Q$ 的真值表

P	Q	$P \rightarrow Q$	$(P \rightarrow Q) \wedge Q$
0	0	1	0
0	1	1	1
1	0	0	0
1	1	1	1

由表 1.8 可知，$(P \rightarrow Q) \wedge Q$ 的成真赋值为 01，11，成假赋值为 00，10。

(4) $(P \wedge \neg Q) \leftrightarrow (Q \vee R)$ 的真值表如表 1.9 所示。

表 1.9 $(P \wedge \neg Q) \leftrightarrow (Q \vee R)$ 的真值表

P	Q	R	$\neg Q$	$P \wedge \neg Q$	$Q \vee R$	$(P \wedge \neg Q) \leftrightarrow (Q \vee R)$
0	0	0	1	0	0	1
0	0	1	1	0	1	0
0	1	0	0	0	1	0
0	1	1	0	0	1	0
1	0	0	1	1	0	0
1	0	1	1	1	1	1
1	1	0	0	0	1	0
1	1	1	0	0	1	0

由表 1.9 可知，$(P \wedge \neg Q) \leftrightarrow (Q \vee R)$ 的成真赋值为 000，101，成假赋值为 001，010，011，100，110，111。

(5) $(P \rightarrow Q) \vee P$ 的真值表如表 1.10 所示。

表 1.10　$(P \rightarrow Q) \vee P$ 的真值表

P	Q	$P \rightarrow Q$	$(P \rightarrow Q) \vee P$
0	0	1	1
0	1	1	1
1	0	0	1
1	1	1	1

由表 1.10 可知，$(P \rightarrow Q) \vee P$ 的成真赋值为 00，01，10，11，没有成假赋值。

(6) $P \wedge R \wedge \neg(Q \rightarrow P)$ 的真值表如表 1.11 所示。

表 1.11　$P \wedge R \wedge \neg(Q \rightarrow P)$ 的真值表

P	Q	R	$Q \rightarrow P$	$\neg(Q \rightarrow P)$	$P \wedge R \wedge \neg(Q \rightarrow P)$
0	0	0	1	0	0
0	0	1	1	0	0
0	1	0	0	1	0
0	1	1	0	1	0
1	0	0	1	0	0
1	0	1	1	0	0
1	1	0	1	0	0
1	1	1	1	0	0

由表 1.11 可知，$P \wedge R \wedge \neg(Q \rightarrow P)$ 的成假赋值为 000，001，010，011，100，101，110，111，没有成真赋值。

1.4.2　命题公式的分类

从例 1.10 中可以看出：有的命题公式对于所有的命题变元的赋值，其真值都为真，如例 1.10 中的(5)；有的命题公式真值永为假，如例 1.10 中的(6)；有的命题公式真值有真有假，如例 1.10 中的(1)~(4)。根据命题公式真值情况，可以对其进行分类。

定义 1.11　设 A 为一命题公式，对公式 A 所有可能的赋值：

(1) 若 A 的真值永为 T，则称公式 A 为重言式或永真式；

(2) 若 A 的真值永为 F，则称公式 A 为矛盾式或永假式；

(3) 若至少存在一种赋值使得 A 的真值为 T，则称公式 A 为可满足式。

根据命题公式的真值情况，公式可分为矛盾式和可满足式两大类。重言式一定是可满足式，但反之不成立。

例 1.11 判断下列命题的真假。

(1) 重言式的否定是矛盾式。

(2) 矛盾式的否定是重言式。

(3) 不是重言式就是矛盾式。

(4) 不是矛盾式就是重言式。

(5) 重言式必是可满足式。

(6) 不是矛盾式就是可满足式。

(7) 可满足式未必是重言式。

(8) 不是可满足式就是矛盾式。

解 由定义 1.11 知,公式可分为矛盾式和可满足式两大类。重言式一定是可满足式,但反之不成立。所以(1)~(4)为假命题,(5)~(8)为真命题。

对重言式或矛盾式的同一分量用任何公式置换,所得公式仍为重言式或矛盾式。例如 $P \wedge \neg P$ 为一矛盾式,用公式 $Q \vee R$ 代替 P 得到的命题公式 $(Q \vee R) \wedge \neg (Q \vee R)$ 仍为一矛盾式。

用真值表法可以判定公式的类型:若真值表的最后一列全为 1,则公式为重言式;若最后一列全为 0,则公式为矛盾式;若最后一列至少有一个 1,则公式为可满足式。例如,例 1.10 中的(1)~(4)为可满足式,(5)为重言式,(6)为矛盾式。

用真值表法判断公式的类型方法直观简单,但当变元较多时,计算量大。在后面的章节中还会介绍其他判断命题公式类型的方法。

1.5 等 价 公 式

给定 n 个命题变元,按合式公式的形成规则可以形成无数命题公式。但这些命题公式中有些含有相同的真值表。如命题公式 $P \rightarrow Q$ 和 $\neg P \vee Q$,其真值表如表 1.12 所示。

表 1.12 $P \rightarrow Q$ 和 $\neg P \vee Q$ 的真值表

P	Q	$\neg P$	$P \rightarrow Q$	$\neg P \vee Q$
0	0	1	1	1
0	1	1	1	1
1	0	0	0	0
1	1	0	1	1

定义 1.12 给定两个命题公式 A 和 B,设 $P_1, P_2, \cdots, P_n$ 为所有出现在命题公式 A 和 B 中的命题变元,若给定 $P_1, P_2, \cdots, P_n$ 任一组真值指派,公式 A 和 B 的真值都相同,则称公式 A 与 B 等价或逻辑相等,记为 $A \Leftrightarrow B$。

注意 "$\Leftrightarrow$"不是逻辑联结词,所以"$A \Leftrightarrow B$"不是命题公式,只是表示命题公式 A 和 B 之间的等价关系。

"⇔"具有如下性质：

（1）自反性：$A \Leftrightarrow A$。

（2）对称性：若 $A \Leftrightarrow B$，则 $B \Leftrightarrow A$。

（3）传递性：若 $A \Leftrightarrow B$，$B \Leftrightarrow C$，则 $A \Leftrightarrow C$。

定理 1.1 给定两个命题公式 A 和 B，$A \Leftrightarrow B$ 当且仅当 $A \leftrightarrow B$ 是重言式。

证明 若 $A \Leftrightarrow B$，则 A 和 B 有相同的真值，即 $A \leftrightarrow B$ 是重言式。若 $A \leftrightarrow B$ 是重言式，则 A 和 B 有相同的真值，所以 $A \Leftrightarrow B$。

常见的证明公式等价的方法有真值表法和等值演算法。

1.5.1 真值表法

由定义 1.12 可知，可以利用真值表判断命题公式是否等价。

例 1.12 证明下列等价公式。

（1）$\neg(P \land Q) \Leftrightarrow \neg P \lor \neg Q$；

（2）$P \rightarrow Q \Leftrightarrow \neg Q \rightarrow \neg P$；

（3）$P \rightarrow (Q \rightarrow R) \Leftrightarrow Q \rightarrow (P \rightarrow R)$。

证明 （1）命题公式 $\neg(P \land Q)$ 和 $\neg P \lor \neg Q$ 的真值表如表 1.13 所示。

表 1.13 $\neg(P \land Q)$ 和 $\neg P \lor \neg Q$ 的真值表

P	Q	$\neg P$	$\neg Q$	$\neg(P \land Q)$	$\neg P \lor \neg Q$
0	0	1	1	1	1
0	1	1	0	1	1
1	0	0	1	1	1
1	1	0	0	0	0

由表 1.13 可知，$\neg(P \land Q)$ 和 $\neg P \lor \neg Q$ 的真值相同，所以二者是等价的。

（2）命题公式 $P \rightarrow Q$ 和 $\neg Q \rightarrow \neg P$ 的真值表如表 1.14 所示。

表 1.14 $P \rightarrow Q$ 和 $\neg Q \rightarrow \neg P$ 的真值表

P	Q	$\neg P$	$\neg Q$	$P \rightarrow Q$	$\neg Q \rightarrow \neg P$
0	0	1	1	1	1
0	1	1	0	1	1
1	0	0	1	0	0
1	1	0	0	1	1

由表 1.14 可知，$P \rightarrow Q$ 和 $\neg Q \rightarrow \neg P$ 的真值相同，所以二者是等价的。

（3）命题公式 $P \rightarrow (Q \rightarrow R)$ 和 $Q \rightarrow (P \rightarrow R)$ 的真值表如表 1.15 所示。

表 1.15 $P \rightarrow (Q \rightarrow R)$ 和 $Q \rightarrow (P \rightarrow R)$ 的真值表

P	Q	R	$Q \rightarrow R$	$P \rightarrow R$	$P \rightarrow (Q \rightarrow R)$	$Q \rightarrow (P \rightarrow R)$
0	0	0	1	1	1	1
0	0	1	1	1	1	1
0	1	0	0	1	1	1
0	1	1	1	1	1	1
1	0	0	1	0	1	1
1	0	1	1	1	1	1
1	1	0	0	0	0	0
1	1	1	1	1	1	1

由表 1.15 可知，$P \rightarrow (Q \rightarrow R)$ 和 $Q \rightarrow (P \rightarrow R)$ 的真值相同，所以二者是等价的。

利用真值表法判断两个命题公式是否等价简单直观，但是当命题公式中命题变元较多时，计算量较大。如命题公式中有 5 个变元时，需要列出 $2^5 = 32$ 种赋值情况，较为繁琐。因此，当命题变元较多时，真值表法不是理想的证明方法。下面介绍用等值演算法判定命题公式是否等价。

1.5.2 等值演算法

定义 1.13 如果 R 是一个命题公式且 R 是命题公式 A 的一部分，则称 R 是命题公式 A 的子公式。

例如：命题公式 $P \wedge Q$ 是命题公式 $(P \wedge Q) \rightarrow R$ 的子公式，命题公式 $P \rightarrow Q$ 是命题公式 $(P \rightarrow Q) \wedge (Q \rightarrow R)$ 的子公式。

定义 1.14 设 R 是命题公式 A 的子公式，且 $R \Leftrightarrow S$，将命题公式 A 中的 R 用 S 来置换，所得新的命题公式与原命题公式 A 等价，这种置换称为等价置换。

定义 1.15 由已知等价的命题公式进行等价置换，得到另外一些等价公式的过程称为等值演算。

下面介绍 12 组常用的等价公式。

（1）双重否定律：

$$\neg \neg A \Leftrightarrow A$$

（2）结合律：

$$\begin{cases} (A \vee B) \vee C \Leftrightarrow A \vee (B \vee C) \\ (A \wedge B) \wedge C \Leftrightarrow A \wedge (B \wedge C) \\ (A \leftrightarrow B) \leftrightarrow C \Leftrightarrow A \leftrightarrow (B \leftrightarrow C) \end{cases}$$

（3）交换律：

$$A \wedge B \Leftrightarrow B \wedge A,\ A \vee B \Leftrightarrow B \vee A,\ A \leftrightarrow B \Leftrightarrow B \leftrightarrow A$$

（4）分配律：

$$\begin{cases} A \vee (B \wedge C) \Leftrightarrow (A \vee B) \wedge (A \vee C) \\ A \wedge (B \vee C) \Leftrightarrow (A \wedge B) \vee (A \wedge C) \end{cases}$$

（5）幂等律：

$$A \vee A \Leftrightarrow A,\ A \wedge A \Leftrightarrow A$$

（6）吸收律：

$$A \vee (A \wedge B) \Leftrightarrow A,\ A \wedge (A \vee B) \Leftrightarrow A$$

（7）德·摩根律：

$$\begin{cases} \neg (A \vee B) \Leftrightarrow \neg A \wedge \neg B \\ \neg (A \wedge B) \Leftrightarrow \neg A \vee \neg B \end{cases}$$

（8）同一律：

$$A \vee F \Leftrightarrow A,\ A \wedge T \Leftrightarrow A$$

（9）零律：

$$A \vee T \Leftrightarrow T,\ A \wedge F \Leftrightarrow F$$

（10）否定律：

$$A \vee \neg A \Leftrightarrow T,\ A \wedge \neg A \Leftrightarrow F$$

（11）条件等价式：

$$A \rightarrow B \Leftrightarrow \neg A \vee B \Leftrightarrow \neg B \rightarrow \neg A$$

（12）双条件等价式：

$$A \leftrightarrow B \Leftrightarrow (A \rightarrow B) \wedge (B \rightarrow A) \Leftrightarrow \neg A \leftrightarrow \neg B$$

上述 12 组公式是数理逻辑推理的基础，要求熟练掌握。可以通过真值表法来证明上述等价式成立。

例 1.13 证明下列等价公式。

（1）$P \rightarrow (Q \rightarrow R) \Leftrightarrow Q \rightarrow (P \rightarrow R)$；

（2）$(P \vee Q) \wedge \neg (P \wedge Q) \Leftrightarrow \neg (P \leftrightarrow Q)$；

（3）$P \rightarrow (Q \vee R) \Leftrightarrow (P \wedge \neg Q) \rightarrow R$；

（4）$((P \rightarrow Q) \wedge (Q \rightarrow R)) \rightarrow (P \rightarrow R) \Leftrightarrow 1$；

（5）$((P \vee Q) \wedge \neg (\neg P \wedge (\neg Q \vee \neg R))) \vee (\neg P \wedge \neg Q) \vee (\neg P \wedge \neg R) \Leftrightarrow 1$。

证明 （1）　$P \rightarrow (Q \rightarrow R)$

$$\Leftrightarrow \neg P \vee (Q \rightarrow R)$$

$$\Leftrightarrow \neg P \vee (\neg Q \vee R)$$

$$\Leftrightarrow \neg Q \vee (\neg P \vee R)$$

$$\Leftrightarrow Q \rightarrow (\neg P \vee R)$$

$$\Leftrightarrow Q \rightarrow (P \rightarrow R)$$

（2）　$(P \vee Q) \wedge \neg (P \wedge Q)$

$\Leftrightarrow (P \vee Q) \wedge (\neg P \vee \neg Q)$

$\Leftrightarrow ((P \vee Q) \wedge \neg P) \vee ((P \vee Q) \wedge \neg Q)$

$\Leftrightarrow ((P \wedge \neg P) \vee (\neg P \wedge Q)) \vee ((P \wedge \neg Q) \vee (Q \wedge \neg Q))$

$\Leftrightarrow F \vee (\neg P \wedge Q) \vee (P \wedge \neg Q) \vee F$

$\Leftrightarrow (\neg P \wedge Q) \vee (P \wedge \neg Q)$

$\Leftrightarrow \neg (\neg (\neg P \wedge Q) \wedge \neg (P \wedge \neg Q))$

$\Leftrightarrow \neg ((P \vee \neg Q) \wedge (\neg P \vee Q))$

$\Leftrightarrow \neg ((Q \rightarrow P) \wedge (P \rightarrow Q))$

$\Leftrightarrow \neg (P \leftrightarrow Q)$

（3）$P \rightarrow (Q \vee R) \Leftrightarrow \neg P \vee (Q \vee R)$

$\Leftrightarrow (\neg P \vee Q) \vee R$

$\Leftrightarrow \neg (P \wedge \neg Q) \vee R$

$\Leftrightarrow (P \wedge \neg Q) \rightarrow R$

（4）　$((P \rightarrow Q) \wedge (Q \rightarrow R)) \rightarrow (P \rightarrow R)$

$\Leftrightarrow \neg ((\neg P \vee Q) \wedge (\neg Q \vee R)) \vee (\neg P \vee R)$

$\Leftrightarrow \neg (\neg P \vee Q) \vee \neg (\neg Q \vee R) \vee (\neg P \vee R)$

$\Leftrightarrow (P \wedge \neg Q) \vee (Q \wedge \neg R) \vee \neg P \vee R$

$\Leftrightarrow ((P \wedge \neg Q) \vee \neg P) \vee ((Q \wedge \neg R) \vee R)$

$\Leftrightarrow ((P \vee \neg P) \wedge (\neg Q \vee \neg P)) \vee ((Q \vee R) \wedge (\neg R \vee R))$

$\Leftrightarrow (\neg Q \vee \neg P) \vee (Q \vee R)$

$\Leftrightarrow (\neg Q \vee Q) \vee (\neg P \vee R)$

$\Leftrightarrow 1$

（5）　$((P \vee Q) \wedge \neg (\neg P \wedge (\neg Q \vee \neg R))) \vee (\neg P \wedge \neg Q) \vee (\neg P \wedge \neg R)$

$\Leftrightarrow ((P \vee Q) \wedge (P \vee (Q \wedge R))) \vee (\neg P \wedge \neg Q) \vee (\neg P \wedge \neg R)$

$\Leftrightarrow (P \wedge (P \vee (Q \wedge R)) \vee (Q \wedge (P \vee (Q \wedge R)))) \vee (\neg P \wedge \neg Q) \vee (\neg P \wedge \neg R)$

$\Leftrightarrow (P \vee (Q \wedge (P \vee Q) \wedge (P \vee R))) \vee (\neg P \wedge \neg Q) \vee (\neg P \wedge \neg R)$

$\Leftrightarrow (P \vee (Q \wedge (P \vee R))) \vee (\neg P \wedge \neg Q) \vee (\neg P \wedge \neg R)$

$\Leftrightarrow (P \vee (Q \wedge P) \vee (Q \wedge R)) \vee (\neg P \wedge \neg Q) \vee (\neg P \wedge \neg R)$

$\Leftrightarrow (P \vee (Q \wedge R)) \vee (\neg P \wedge \neg Q) \vee (\neg P \wedge \neg R)$

$\Leftrightarrow ((P \vee Q) \wedge (P \vee R)) \vee \neg (P \vee Q) \vee \neg (P \vee R)$

$\Leftrightarrow ((P \vee Q) \wedge (P \vee R)) \vee \neg ((P \vee Q) \wedge ((P \vee R)))$

$\Leftrightarrow 1$

由例 1.13 的（4）、（5）小题可知，我们除了用真值表法还可以用等值演算法来判断命题公式的类型。

1.6　蕴含式与对偶式

1.6.1　蕴含式

定义 1.16　设 A、B 为两个命题公式，若 $A \to B$ 为重言式，则称"A 蕴含 B"，记为 $A \Rightarrow B$。

注意　和"$\Leftrightarrow$"一样，"$\Rightarrow$"也不是联结词。"$A \Rightarrow B$"表示由条件 A 能推导出结论 B。与"$\Leftrightarrow$"不同，"$A \Rightarrow B$"与"$B \Rightarrow A$"也不等价。

对于命题公式 $P \to Q$，称 $Q \to P$ 为其逆换式，$\neg P \to \neg Q$ 为其反换式，$\neg Q \to \neg P$ 为其逆反式。其中 $P \to Q \Leftrightarrow \neg Q \to \neg P$，$Q \to P \Leftrightarrow \neg P \to \neg Q$。

定理 1.2　设 A、B 为两个命题公式，$A \Leftrightarrow B$ 当且仅当 $A \Rightarrow B$ 且 $B \Rightarrow A$。

证明　若 $A \Leftrightarrow B$，则命题公式 $A \leftrightarrow B$ 是重言式。因为 $A \leftrightarrow B \Leftrightarrow (A \to B) \wedge (B \to A)$，所以 $A \to B$ 与 $B \to A$ 都为重言式。因此可推出 $A \Rightarrow B$ 且 $B \Rightarrow A$。

若 $A \Rightarrow B$ 且 $B \Rightarrow A$，则 $A \to B$ 与 $B \to A$ 都为重言式。进一步可得 $A \leftrightarrow B$ 为重言式。所以 $A \Leftrightarrow B$。

由定义 1.16 可知，要证明 $P \Rightarrow Q$，只需证明 $P \to Q$ 为重言式。因此，前面章节介绍的真值表法和等值演算法都可以用来证明蕴含式。除此之外，还可以用分析法来证明。

1. 真值表法

例 1.14　证明 $P \wedge Q \Rightarrow P$。

证明　用真值表法证明 $P \wedge Q \to P$ 是重言式。$P \wedge Q \to P$ 的真值表如表 1.16 所示。

表 1.16　$P \wedge Q \to P$ 的真值表

P	Q	$P \wedge Q \to P$
0	0	1
0	1	1
1	0	1
1	1	1

由表 1.16 可知 $P \wedge Q \to P$ 是重言式，因此 $P \wedge Q \Rightarrow P$。

2. 等值演算法

例 1.15　证明 $(P \to Q) \Rightarrow P \to (P \wedge Q)$。

证明　因为

$$(P \to Q) \to (P \to (P \wedge Q)) \Leftrightarrow \neg(P \to Q) \vee (\neg P \vee (P \wedge Q))$$
$$\Leftrightarrow \neg(\neg P \vee Q) \vee ((\neg P \vee P) \wedge (\neg P \vee Q))$$
$$\Leftrightarrow (P \wedge \neg Q) \vee \neg P \vee Q$$
$$\Leftrightarrow (P \vee \neg P) \wedge (\neg Q \vee P) \vee Q$$
$$\Leftrightarrow \neg Q \vee Q \vee P$$
$$\Leftrightarrow 1$$

所以 $(P \to Q) \Rightarrow P \to (P \wedge Q)$。

3. 分析法

分析法包括以下两种形式：

(1) 假定前件 A 为真，推出后件 B 为真，则 $A \Rightarrow B$。

分析：根据条件联结词"→"的真值表可知 $A \to B$ 为真。由定义 1.16 可知 $A \Rightarrow B$。

(2) 假定后件 B 为假，推出前件 A 为假，则 $A \Rightarrow B$。

分析：根据条件联结词"→"的真值表可知 $A \to B$ 为真。由定义 1.16 可知 $A \Rightarrow B$。

例 1.16 使用分析法证明下列蕴含式是否成立。

(1) $(P \to Q) \to Q \Rightarrow P \lor Q$；

(2) $\neg Q \land (P \to Q) \Rightarrow \neg P$。

证明 (1) 假设后件 $P \lor Q$ 为假，则可推出 P 和 Q 均为假。由此有 $P \to Q$ 为真。所以 $(P \to Q) \to Q$ 为假。因此可证 $(P \to Q) \to Q \Rightarrow P \lor Q$。

(2) 假设前件为真，则可推出 Q 为假。进一步推出 P 为假，从而 $\neg P$ 为真。因此可证 $\neg Q \land (P \to Q) \Rightarrow \neg P$。

下面给出的命题推理理论中常用的蕴含式，都可以用上述几种方法证明，要求熟练掌握。

(1) $P \land Q \Rightarrow P$；

(2) $P \land Q \Rightarrow Q$；

(3) $P \Rightarrow P \lor Q$；

(4) $\neg P \Rightarrow P \to Q$；

(5) $Q \Rightarrow P \to Q$；

(6) $\neg (P \to Q) \Rightarrow P$；

(7) $\neg (P \to Q) \Rightarrow \neg Q$；

(8) $P \land (P \to Q) \Rightarrow Q$；

(9) $\neg Q \land (P \to Q) \Rightarrow \neg P$；

(10) $\neg P \land (P \lor Q) \Rightarrow Q$；

(11) $(P \to Q) \land (Q \to R) \Rightarrow P \to R$；

(12) $(P \lor Q) \land (P \to R) \land (Q \to R) \Rightarrow R$；

(13) $(P \to Q) \land (R \to S) \Rightarrow (P \land R) \to (Q \land S)$；

(14) $(P \leftrightarrow Q) \land (Q \leftrightarrow R) \Rightarrow (P \leftrightarrow R)$。

1.6.2 对偶式

定义 1.17 在仅含有逻辑联结词 $\neg$、$\land$、$\lor$ 的命题公式 A 中，将 $\land$ 与 $\lor$ 互换，T(1) 与 F(0) 互换，得到一个新的命题公式 A^*，A^* 称为原命题公式 A 的对偶式。

例 1.17 写出下列公式的对偶式。

(1) $(P \land \neg Q) \lor T$；

(2) $(P \lor Q) \land (P \lor (\neg Q \land R))$；

(3) $P \leftrightarrow (Q \to R)$。

解 (1) $(P \land \neg Q) \lor T$ 的对偶式为 $(P \lor \neg Q) \land F$。

（2）$(P \lor Q) \land (P \lor (\neg Q \land R))$ 的对偶式为 $(P \land Q) \lor (P \land (\neg Q \lor R))$。

（3）因为
$$P \leftrightarrow (Q \rightarrow R) \Leftrightarrow (P \rightarrow (Q \rightarrow R)) \land ((Q \rightarrow R) \rightarrow P)$$
$$\Leftrightarrow (\neg P \lor (\neg Q \lor R)) \land (\neg (\neg Q \lor R) \lor P)$$

所以 $P \leftrightarrow (Q \rightarrow R)$ 的对偶式为 $(\neg P \land (\neg Q \land R)) \lor (\neg (\neg Q \land R) \land P)$。

定理 1.3 设命题公式 $A(P_1, P_2, \cdots, P_n)$ 与 $A^*(P_1, P_2, \cdots, P_n)$ 是对偶式，则有
$$\neg A(P_1, P_2, \cdots, P_n) \Leftrightarrow A^*(\neg P_1, \neg P_2, \cdots, \neg P_n)$$
$$A(\neg P_1, \neg P_2, \cdots, \neg P_n) \Leftrightarrow \neg A^*(P_1, P_2, \cdots, P_n)$$

证明 由德·摩根律可知
$$P \land Q \Leftrightarrow \neg (\neg P \lor \neg Q), \quad P \lor Q \Leftrightarrow \neg (\neg P \land \neg Q)$$

故
$$\neg A(P_1, P_2, \cdots, P_n) \Leftrightarrow A^*(\neg P_1, \neg P_2, \cdots, \neg P_n)$$

同理，可推出
$$A(\neg P_1, \neg P_2, \cdots, \neg P_n) \Leftrightarrow \neg A^*(P_1, P_2, \cdots, P_n)$$

定理 1.4（对偶原理） 若公式 $A \Leftrightarrow B$，则 $A^* \Leftrightarrow B^*$。

证明 设 $P_1, P_2, \cdots, P_n$ 为命题公式的变元。

因为 $A \Leftrightarrow B$，即 $A(P_1, P_2, \cdots, P_n) \Leftrightarrow B(P_1, P_2, \cdots, P_n)$，所以
$$\neg A(P_1, P_2, \cdots, P_n) \Leftrightarrow \neg B(P_1, P_2, \cdots, P_n)$$

由定理 1.3 可得
$$A^*(\neg P_1, \neg P_2, \cdots, \neg P_n) \Leftrightarrow B^*(\neg P_1, \neg P_2, \cdots, \neg P_n)$$

即 $A^*(\neg P_1, \neg P_2, \cdots, \neg P_n) \leftrightarrow B^*(\neg P_1, \neg P_2, \cdots, \neg P_n)$ 为重言式，故 $A^*(P_1, P_2, \cdots, P_n) \leftrightarrow B^*(P_1, P_2, \cdots, P_n)$ 也为重言式，因此 $A^* \Leftrightarrow B^*$。

利用对偶原理，不仅可以扩大等式的数量，也可以简化证明。例如 $P \land (Q \lor R) \Leftrightarrow (P \land Q) \lor (P \land R)$ 与 $P \lor (Q \land R) \Leftrightarrow (P \lor Q) \land (P \lor R)$ 这两个等价公式的两端互为对偶式，因而只需证明一个等价公式成立即可。

1.7 命题公式的范式

1.7.1 命题公式的析取范式与合取范式

由前面章节可知，存在大量形式互不相同的命题公式，实际上互为等价。引入命题公式的范式是为了把命题公式规范化，使得互为等价的命题公式具有相同的标准形式。命题公式有了标准形式，对判别命题公式类型和命题公式是否等价是一种好方法。

1. 简单析取式与简单合取式

定义 1.18 单个的命题变元及其否定形式，称为文字。

例如：P、$\neg Q$、R 等称为文字。

定义 1.19 仅由有限个文字组成的析取式，称为简单析取式；仅由有限个文字组成的合取式，称为简单合取式。

例如：P、$\neg Q$、$P \vee \neg Q$、$P \vee \neg Q \vee R$ 是简单析取式；P、$\neg Q$、$P \wedge Q$、$\neg P \wedge \neg Q \wedge R$ 是简单合取式。

注意 一个文字既是简单析取式又是简单合取式。

定理 1.5 简单析取式是重言式当且仅当它同时含有某个命题变元及其否定形式。

定理 1.6 简单合取式是矛盾式当且仅当它同时含有某个命题变元及其否定形式。

2. 析取范式与合取范式

定义 1.20 由有限个简单合取式组成的析取式称为析取范式。由有限个简单析取式组成的合取式称为合取范式。析取范式与合取范式统称为范式。

例如：$(P \wedge Q) \vee (\neg P \wedge Q \wedge \neg R)$、$P \wedge \neg Q$ 是析取范式；$(P \vee Q) \wedge (P \vee Q \vee \neg R)$、$P \vee \neg Q$ 是合取范式。

由于单个命题变元 P 或其否定形式 $\neg P$ 既是简单析取式又是简单合取式，因此单个命题变元 P 或其否定形式 $\neg P$ 既是析取范式又是合取范式。那么对于 $P \vee Q$，若把它看成是简单合取式的析取，则它是析取范式；若把它看成是文字的析取，则它是合取范式。同理，$P \wedge \neg Q$、$P \wedge Q$ 等既是析取范式又是合取范式。

定理 1.7（范式存在定理） 任何一个命题公式都存在着与之等价的析取范式和合取范式。

由析取范式和合取范式的定义可知，范式中不存在除了 $\neg$、$\wedge$、$\vee$ 以外的其余逻辑联结词。

求公式范式的步骤如下：

(1) 消去公式中出现的除 $\neg$、$\wedge$、$\vee$ 以外的所有逻辑联结词。例如：

$$P \to Q \Leftrightarrow \neg P \vee Q$$
$$P \leftrightarrow Q \Leftrightarrow (P \to Q) \wedge (Q \to P)$$

(2) 将否定联结词消去或内移到各命题变元之前。例如：

$$\neg \neg P \Leftrightarrow P$$
$$\neg (P \vee Q) \Leftrightarrow \neg P \wedge \neg Q$$
$$\neg (P \wedge Q) \Leftrightarrow \neg P \vee \neg Q$$

(3) 利用分配律、结合律将公式转化为合取范式或析取范式。例如：

$$P \wedge (Q \vee R) \Leftrightarrow (P \wedge Q) \vee (P \wedge R)$$
$$P \vee (Q \wedge R) \Leftrightarrow (P \vee Q) \wedge (P \vee R)$$

例 1.18 写出下列命题公式的析取范式和合取范式。

(1) $(P \to Q) \to R$；

(2) $((P \vee Q) \to R) \to P$；

(3) $(P \to Q) \leftrightarrow R$；

(4) $\neg (P \vee Q) \leftrightarrow (P \wedge Q)$；

(5) $(P \to Q) \wedge (P \to R)$。

解 (1) $(P \to Q) \to R \Leftrightarrow \neg (P \to Q) \vee R$

$\qquad\qquad\qquad \Leftrightarrow \neg (\neg P \vee Q) \vee R$

$\qquad\qquad\qquad \Leftrightarrow (P \wedge \neg Q) \vee R$ （析取范式）

$\qquad\qquad\qquad \Leftrightarrow (P \vee R) \wedge (\neg Q \vee R)$ （合取范式）

(2)　$((P \lor Q) \to R) \to P$

$\Leftrightarrow \neg ((P \lor Q) \to R) \lor P$

$\Leftrightarrow \neg (\neg (P \lor Q) \lor R) \lor P$

$\Leftrightarrow ((P \lor Q) \land \neg R) \lor P$

$\Leftrightarrow (P \land \neg R) \lor (Q \land \neg R) \lor P$ 　　　　　　　　　（析取范式）

$\Leftrightarrow P \lor (P \land \neg R) \lor (Q \land \neg R)$

$\Leftrightarrow P \lor (Q \land \neg R)$ 　　　　　　　　　　　　　　　（析取范式）

$\Leftrightarrow (P \lor Q) \land (P \lor \neg R)$ 　　　　　　　　　　　　（合取范式）

(3)　$(P \to Q) \leftrightarrow R$

$\Leftrightarrow ((P \to Q) \to R) \land (R \to (P \to Q))$

$\Leftrightarrow (\neg (P \to Q) \lor R) \land (\neg R \lor (P \to Q))$

$\Leftrightarrow (\neg (\neg P \lor Q) \lor R) \land (\neg R \lor (\neg P \lor Q))$

$\Leftrightarrow ((P \land \neg Q) \lor R) \land (\neg R \lor (\neg P \lor Q))$

$\Leftrightarrow ((P \lor R) \land (\neg Q \lor R)) \land (\neg P \lor Q \lor \neg R)$

$\Leftrightarrow (P \lor R) \land (\neg Q \lor R) \land (\neg P \lor Q \lor \neg R)$ 　　　（合取范式）

$\Leftrightarrow (P \land (\neg Q \lor R) \land (\neg P \lor Q \lor \neg R)) \lor (R \land (\neg Q \lor R) \land (\neg P \lor Q \lor \neg R))$

$\Leftrightarrow (P \land (\neg Q \lor R) \land (\neg P \lor Q \lor \neg R)) \lor (R \land (\neg P \lor Q \lor \neg R))$

$\Leftrightarrow ((P \land \neg Q) \land (\neg R \lor \neg P \lor Q)) \lor (P \land R \land (\neg P \lor Q \lor \neg R))$

$\quad \lor (R \land (\neg P \lor Q \lor \neg R))$

$\Leftrightarrow ((P \land \neg Q) \land (\neg R \lor \neg P \lor Q)) \lor (R \land (\neg P \lor Q \lor \neg R))$

$\Leftrightarrow (P \land \neg Q \land \neg R) \lor (P \land \neg Q \land \neg P) \lor (P \land \neg Q \land Q) \lor (R \land \neg P)$

$\quad \lor (R \land Q) \lor (R \land \neg R)$

$\Leftrightarrow (P \land \neg Q \land \neg R) \lor (R \land \neg P) \lor (R \land Q)$ 　　　（析取范式）

(4)　$\neg (P \lor Q) \leftrightarrow (P \land Q)$

$\Leftrightarrow (\neg (P \lor Q) \to (P \land Q)) \land ((P \land Q) \to \neg (P \lor Q))$

$\Leftrightarrow ((P \lor Q) \lor (P \land Q)) \land (\neg (P \land Q) \lor \neg (P \lor Q))$

$\Leftrightarrow ((P \lor Q \lor P) \land (P \lor Q \lor Q)) \land ((\neg P \lor \neg Q) \lor (\neg P \land \neg Q))$

$\Leftrightarrow (P \lor Q) \land ((\neg P \lor \neg Q \lor \neg P) \land (\neg P \lor \neg Q \lor \neg Q))$ 　（合取范式）

$\Leftrightarrow (P \lor Q) \land (\neg P \lor \neg Q)$ 　　　　　　　　　　　（合取范式）

$\Leftrightarrow (P \land (\neg P \lor \neg Q)) \lor (Q \land (\neg P \lor \neg Q))$

$\Leftrightarrow (P \land \neg P) \lor (P \land \neg Q) \lor (Q \land \neg P) \lor (Q \land \neg Q)$ 　（析取范式）

$\Leftrightarrow (P \land \neg Q) \lor (\neg P \land Q)$ 　　　　　　　　　　　（析取范式）

(5)　$(P \to Q) \land (P \to R)$

$\Leftrightarrow (\neg P \lor Q) \land (\neg P \lor R)$ 　　　　　　　　　　　（合取范式）

$\Leftrightarrow ((\neg P \lor Q) \land \neg P) \lor ((\neg P \lor Q) \land R)$

$\Leftrightarrow \neg P \lor (\neg P \land R) \lor (Q \land R)$ 　　　　　　　　（析取范式）

$\Leftrightarrow \neg P \lor (Q \land R)$ 　　　　　　　　　　　　　　　（析取范式）

1.7.2 命题公式的主析取范式与主合取范式

由例 1.18 可知，命题公式的析取范式和合取范式不唯一。为了把命题公式都化为统一的标准形式，下面引入主范式的概念。

1. 主析取范式

定义 1.21 在含有 n 个命题变元的简单合取式中，若每个命题变元及其否定不同时出现，而二者之一必出现且仅出现一次，则称该简单合取式为小项。

例如：若命题公式含有两个命题变元 P 与 Q，则根据定义知 $\neg P \wedge \neg Q$ 是小项，而 P 和 $P \wedge Q \wedge \neg P$ 不是小项；若命题公式含有三个命题变元 P、Q 和 R，则 $P \wedge Q \wedge \neg R$、$\neg P \wedge Q \wedge R$ 是小项，而 $P \wedge \neg Q$、$Q \wedge \neg R$、$P \wedge \neg Q \wedge R \wedge Q$ 不是小项。

根据小项的定义可知，若命题公式含有 n 个命题变元，则构成的全部小项有 2^n 个。如：若命题公式含有两个命题变元 P 与 Q，则构成的全部小项有 $\neg P \wedge \neg Q$、$\neg P \wedge Q$、$P \wedge \neg Q$、$P \wedge Q$；若命题公式含有三个命题变元 P、Q 和 R，则构成的全部小项有 $\neg P \wedge \neg Q \wedge \neg R$、$\neg P \wedge \neg Q \wedge R$、$\neg P \wedge Q \wedge \neg R$、$\neg P \wedge Q \wedge R$、$P \wedge \neg Q \wedge \neg R$、$P \wedge \neg Q \wedge R$、$P \wedge Q \wedge \neg R$、$P \wedge Q \wedge R$。

表 1.17 列出了由三个命题变元 P、Q、R 构成的所有小项的真值表。

表 1.17 由三个命题变元 P、Q 和 R 构成的所有小项的真值表

P	Q	R	$\neg P \wedge \neg Q \wedge \neg R$	$\neg P \wedge \neg Q \wedge R$	$\neg P \wedge Q \wedge \neg R$	$\neg P \wedge Q \wedge R$
0	0	0	1	0	0	0
0	0	1	0	1	0	0
0	1	0	0	0	1	0
0	1	1	0	0	0	1
1	0	0	0	0	0	0
1	0	1	0	0	0	0
1	1	0	0	0	0	0
1	1	1	0	0	0	0

P	Q	R	$P \wedge \neg Q \wedge \neg R$	$P \wedge \neg Q \wedge R$	$P \wedge Q \wedge \neg R$	$P \wedge Q \wedge R$
0	0	0	0	0	0	0
0	0	1	0	0	0	0
0	1	0	0	0	0	0
0	1	1	0	0	0	0
1	0	0	1	0	0	0
1	0	1	0	1	0	0
1	1	0	0	0	1	0
1	1	1	0	0	0	1

小项的二进制编码为：命题变元按字母顺序排列，命题变元与 1 对应，命题变元的否定与 0 对应，则得到小项的二进制编码记为 m_i，其下标是由二进制编码转化的十进制数。表 1.18 列出了由三个命题变元 P、Q、R 构成的所有小项的二进制编码和十进制编码。

表 1.18   由三个命题变元构成的所有小项的二进制和十进制编码

小　项	二进制编码	十进制编码
$\neg P \wedge \neg Q \wedge \neg R$	m_{000}	m_0
$\neg P \wedge \neg Q \wedge R$	m_{001}	m_1
$\neg P \wedge Q \wedge \neg R$	m_{010}	m_2
$\neg P \wedge Q \wedge R$	m_{011}	m_3
$P \wedge \neg Q \wedge \neg R$	m_{100}	m_4
$P \wedge \neg Q \wedge R$	m_{101}	m_5
$P \wedge Q \wedge \neg R$	m_{110}	m_6
$P \wedge Q \wedge R$	m_{111}	m_7

从表 1.17 中可以看出小项具有如下性质：

(1) 各小项的真值表都不相同。因此任何两个小项都不等价。

(2) 每个小项当其真值指派与对应的二进制编码相同时，其真值为真；在其余 $2^n - 1$ 种指派情况下，其真值均为假。

(3) 任意两个不同小项的合取式是矛盾式。

例如：

$$m_0 \wedge m_1 \Leftrightarrow (\neg P \wedge \neg Q \wedge \neg R) \wedge (\neg P \wedge \neg Q \wedge R)$$
$$\Leftrightarrow \neg P \wedge \neg Q \wedge \neg R \wedge \neg P \wedge \neg Q \wedge R$$
$$\Leftrightarrow \neg P \wedge \neg Q \wedge (\neg R \wedge R)$$
$$\Leftrightarrow 0$$

(4) 全体小项的析取式为永真式。

定义 1.22   设命题公式 A 中含有 n 个命题变元，如果 A 的析取范式中，所有的简单合取式都是小项，则称该析取范式为 A 的主析取范式。

定理 1.8   任意含 n 个命题变元的非永假式命题公式都存在着与之等价的主析取范式，并且其主析取范式是唯一的。

证明   由定理 1.7 可知命题公式 A 存在着与之等价的析取范式，设为 A'。若 $A' = A_1 \vee A_2 \vee \cdots \vee A_n$，并假设简单合取式 A_i 中不含有命题变元 P 及其否定 $\neg P$，则可将 A_i 变形为 $A_i \Leftrightarrow A_i \wedge T \Leftrightarrow A_i \wedge (P \vee \neg P) \Leftrightarrow (A_i \wedge P) \vee (A_i \wedge \neg P)$。消去重复的项及矛盾式后，即可得到公式 A 的主析取范式。

若命题公式 A 有两个与之等价的主析取范式 A' 和 A''，则 $A' \Leftrightarrow A''$。由于 A' 和 A'' 是两个不同的主析取范式，所以可假设 A' 中有小项 m_i，而 A'' 中没有，即当赋值为 i 的二进制时，A' 为真，A'' 为假。这与 $A' \Leftrightarrow A''$ 矛盾。所以公式 A 的主析取范式唯一。

一个命题公式的主析取范式可由真值表法和等值演算法求出。

1）真值表法

定理 1.9 在命题公式 A 的真值表中，以 A 的成真赋值所对应的二进制数为编码的小项的析取为命题公式 A 的主析取范式。

证明 设以 A 的成真赋值所对应的二进制数为编码的小项为 m_1，m_2，$\cdots$，m_k。这些小项的析取记为 B，即 $B = m_1 \vee m_2 \vee \cdots \vee m_k$。下面证明 $A \Leftrightarrow B$，即 A 和 B 具有相同的真值表。

设以 A 的某个成真赋值所对应的二进制数为编码的小项为 m_i，则 m_i 的真值为 1，m_1，m_2，$\cdots$，m_{i-1}，m_{i+1}，$\cdots$，m_k 的真值均为 0，所以 $B = m_1 \vee m_2 \vee \cdots \vee m_k$ 的真值为 1。

设以 A 的某个成假赋值所对应的二进制数为编码的小项为 b_i，即 b_i 的真值为 1，且 b_i 不在 m_1，m_2，$\cdots$，m_k 中，则 m_1，m_2，$\cdots$，m_k 的真值都为 0，所以 $B = m_1 \vee m_2 \vee \cdots \vee m_k$ 的真值为 0。

证毕。

利用真值表法求主析取范式的基本步骤如下：

(1) 列出命题公式的真值表。

(2) 写出真值为 1 赋值所对应的小项。

(3) 将小项进行析取。

例 1.19 利用真值表法，写出下列命题公式的主析取范式。

(1) $(P \rightarrow Q) \rightarrow R$；

(2) $((P \vee Q) \rightarrow R) \rightarrow P$；

(3) $(P \rightarrow Q) \leftrightarrow R$；

(4) $\neg (P \vee Q) \leftrightarrow (P \wedge Q)$；

(5) $(P \rightarrow Q) \wedge (P \rightarrow R)$。

解 (1) 命题公式 $(P \rightarrow Q) \rightarrow R$ 的真值表见表 1.19。

表 1.19 $(P \rightarrow Q) \rightarrow R$ 的真值表

P	Q	R	$(P \rightarrow Q) \rightarrow R$
0	0	0	0
0	0	1	1
0	1	0	0
0	1	1	1
1	0	0	1
1	0	1	1
1	1	0	0
1	1	1	1

由表 1.19 可知，命题公式 $(P \to Q) \to R$ 在真值表的 $001, 011, 100, 101, 111$ 行处真值为 1，所以

$$(P \to Q) \to R \Leftrightarrow m_1 \vee m_3 \vee m_4 \vee m_5 \vee m_7 \Leftrightarrow \sum(1, 3, 4, 5, 7)$$

$$\Leftrightarrow (\neg P \wedge \neg Q \wedge R) \vee (\neg P \wedge Q \wedge R) \vee (P \wedge \neg Q \wedge \neg R)$$

$$\vee (P \wedge \neg Q \wedge R) \vee (P \wedge Q \wedge R)$$

(2) 命题公式 $((P \vee Q) \to R) \to P$ 的真值表见表 1.20。

表 1.20 $((P \vee Q) \to R) \to P$ 的真值表

P	Q	R	$((P \vee Q) \to R) \to P$
0	0	0	0
0	0	1	0
0	1	0	1
0	1	1	0
1	0	0	1
1	0	1	1
1	1	0	1
1	1	1	1

由表 1.20 可知，命题公式 $((P \vee Q) \to R) \to P$ 在真值表的 $010, 100, 101, 110, 111$ 行处真值为 1，所以

$$((P \vee Q) \to R) \to P \Leftrightarrow m_2 \vee m_4 \vee m_5 \vee m_6 \vee m_7 \Leftrightarrow \sum(2, 4, 5, 6, 7)$$

$$\Leftrightarrow (\neg P \wedge Q \wedge \neg R) \vee (P \wedge \neg Q \wedge \neg R) \vee (P \wedge \neg Q \wedge R)$$

$$\vee (P \wedge Q \wedge \neg R) \vee (P \wedge Q \wedge R)$$

(3) 命题公式 $(P \to Q) \leftrightarrow R$ 的真值表见表 1.21。

表 1.21 $(P \to Q) \leftrightarrow R$ 的真值表

P	Q	R	$(P \to Q) \leftrightarrow R$
0	0	0	0
0	0	1	1
0	1	0	0
0	1	1	1
1	0	0	1
1	0	1	0
1	1	0	0
1	1	1	1

由表 1.21 可知，命题公式 $(P \rightarrow Q) \leftrightarrow R$ 在真值表的 $001, 011, 100, 111$ 行处真值为 1，所以

$$(P \rightarrow Q) \leftrightarrow R \Leftrightarrow m_1 \vee m_3 \vee m_4 \vee m_7 \Leftrightarrow \sum(1, 3, 4, 7)$$

$$\Leftrightarrow (\neg P \wedge \neg Q \wedge R) \vee (\neg P \wedge Q \wedge R)$$

$$\vee (P \wedge \neg Q \wedge \neg R) \vee (P \wedge Q \wedge R)$$

（4）命题公式 $\neg(P \vee Q) \leftrightarrow (P \wedge Q)$ 的真值表见表 1.22。

表 1.22 $\neg(P \vee Q) \leftrightarrow (P \wedge Q)$ 的真值表

P	Q	$\neg(P \vee Q) \leftrightarrow (P \wedge Q)$
0	0	0
0	1	1
1	0	1
1	1	0

由表 1.22 可知，命题公式 $\neg(P \vee Q) \leftrightarrow (P \wedge Q)$ 在真值表的 $01, 10$ 行处真值为 1，所以

$$\neg(P \vee Q) \leftrightarrow (P \wedge Q) \Leftrightarrow m_1 \vee m_2 \Leftrightarrow \sum(1, 2) \Leftrightarrow (\neg P \wedge Q) \vee (P \wedge \neg Q)$$

（5）命题公式 $(P \rightarrow Q) \wedge (P \rightarrow R)$ 的真值表见表 1.23。

表 1.23 $(P \rightarrow Q) \wedge (P \rightarrow R)$ 的真值表

P	Q	R	$(P \rightarrow Q) \wedge (P \rightarrow R)$
0	0	0	1
0	0	1	1
0	1	0	1
0	1	1	1
1	0	0	0
1	0	1	0
1	1	0	0
1	1	1	1

由表 1.23 可知，命题公式 $(P \rightarrow Q) \wedge (P \rightarrow R)$ 在真值表的 $000, 001, 010, 011, 111$ 行处真值为 1，所以

$$(P \rightarrow Q) \wedge (P \rightarrow R) \Leftrightarrow m_0 \vee m_1 \vee m_2 \vee m_3 \vee m_7 \Leftrightarrow \sum(0, 1, 2, 3, 7)$$

$$\Leftrightarrow (\neg P \wedge \neg Q \wedge \neg R) \vee (\neg P \wedge \neg Q \wedge R)$$

$$\vee (\neg P \wedge Q \wedge \neg R) \vee (\neg P \wedge Q \wedge R)$$

$$\vee (P \wedge Q \wedge R)$$

2）等值演算法

利用等值演算法求解主析取范式的步骤如下：

（1）求出命题公式 A 的析取范式 A'。

（2）除去 A' 中的永假的析取项。

（3）若 A' 的某个简单合取式 A_i' 不含有命题变元 P 及其否定 $\neg P$，则可将 A_i' 变形为

$$A_i' \Leftrightarrow A_i' \wedge \mathrm{T} \Leftrightarrow A_i' \wedge (P \vee \neg P) \Leftrightarrow (A_i' \wedge P) \vee (A_i' \wedge \neg P)$$

（4）将重复出现的命题变元、永假式及重复出现的小项都消去。

（5）将小项按顺序排列。

例 1.20　利用等值演算法，写出下列命题公式的主析取范式。

（1）$(P \rightarrow Q) \rightarrow R$；

（2）$((P \vee Q) \rightarrow R) \rightarrow P$；

（3）$(P \rightarrow Q) \leftrightarrow R$；

（4）$\neg(P \vee Q) \leftrightarrow (P \wedge Q)$；

（5）$(P \rightarrow Q) \wedge (P \rightarrow R)$。

解　根据例 1.18 可知 5 个命题公式的析取范式，在此省略求析取范式的过程。

（1）　$(P \rightarrow Q) \rightarrow R$

$\Leftrightarrow (P \wedge \neg Q) \vee R$

$\Leftrightarrow ((P \wedge \neg Q) \wedge (R \vee \neg R)) \vee (R \wedge (P \vee \neg P) \wedge (Q \vee \neg Q))$

$\Leftrightarrow (P \wedge \neg Q \wedge R) \vee (P \wedge \neg Q \wedge \neg R) \vee (((R \wedge P) \vee (R \wedge \neg P)) \wedge (Q \vee \neg Q))$

$\Leftrightarrow (P \wedge \neg Q \wedge R) \vee (P \wedge \neg Q \wedge \neg R) \vee (R \wedge P \wedge Q) \vee (R \wedge P \wedge \neg Q)$

$\quad \vee (R \wedge \neg P \wedge Q) \vee (R \wedge \neg P \wedge \neg Q)$

$\Leftrightarrow (P \wedge \neg Q \wedge R) \vee (P \wedge \neg Q \wedge \neg R) \vee (P \wedge Q \wedge R) \vee (\neg P \wedge Q \wedge R)$

$\quad \vee (\neg P \wedge \neg Q \wedge R)$

$\Leftrightarrow m_5 \vee m_4 \vee m_7 \vee m_3 \vee m_1$

$\Leftrightarrow \sum(1, 3, 4, 5, 7)$

（2）　$((P \vee Q) \rightarrow R) \rightarrow P$

$\Leftrightarrow P \vee (Q \wedge \neg R)$

$\Leftrightarrow (P \wedge (Q \vee \neg Q) \wedge (R \vee \neg R)) \vee ((P \vee \neg P) \wedge (Q \wedge \neg R))$

$\Leftrightarrow (P \wedge Q \wedge R) \vee (P \wedge Q \wedge \neg R) \vee (P \wedge \neg Q \wedge R) \vee (P \wedge \neg Q \wedge \neg R)$

$\quad \vee (P \wedge Q \wedge \neg R) \vee (\neg P \wedge Q \wedge \neg R)$

$\Leftrightarrow (P \wedge Q \wedge R) \vee (P \wedge Q \wedge \neg R) \vee (P \wedge \neg Q \wedge R) \vee (P \wedge \neg Q \wedge \neg R)$

$\quad \vee (\neg P \wedge Q \wedge \neg R)$

$\Leftrightarrow m_7 \vee m_6 \vee m_5 \vee m_4 \vee m_2$

$\Leftrightarrow \sum(2, 4, 5, 6, 7)$

（3）　$(P \rightarrow Q) \leftrightarrow R$

$\Leftrightarrow (P \wedge \neg Q \wedge \neg R) \vee (R \wedge \neg P) \vee (R \wedge Q)$

$\Leftrightarrow (P \wedge \neg Q \wedge \neg R) \vee ((R \wedge \neg P) \wedge (Q \vee \neg Q)) \vee ((P \vee \neg P) \wedge (R \wedge Q))$

$\Leftrightarrow (P \wedge \neg Q \wedge \neg R) \vee (\neg P \wedge Q \wedge R) \vee (\neg P \wedge \neg Q \wedge R)$

　　$\vee (P \wedge Q \wedge R) \vee (\neg P \wedge Q \wedge R)$

$\Leftrightarrow (P \wedge \neg Q \wedge \neg R) \vee (\neg P \wedge Q \wedge R) \vee (\neg P \wedge \neg Q \wedge R) \vee (P \wedge Q \wedge R)$

$\Leftrightarrow m_4 \vee m_3 \vee m_1 \vee m_7$

$\Leftrightarrow \sum (1, 3, 4, 7)$

（4）　$\neg (P \vee Q) \leftrightarrow (P \wedge Q)$

$\Leftrightarrow (P \wedge \neg Q) \vee (\neg P \wedge Q)$

$\Leftrightarrow m_2 \vee m_1$

$\Leftrightarrow \sum (1, 2)$

（5）　$(P \rightarrow Q) \wedge (P \rightarrow R)$

$\Leftrightarrow \neg P \vee (Q \wedge R)$

$\Leftrightarrow (\neg P \wedge (Q \vee \neg Q) \wedge (R \vee \neg R)) \vee ((P \vee \neg P) \wedge (Q \wedge R))$

$\Leftrightarrow (\neg P \wedge Q \wedge R) \vee (\neg P \wedge Q \wedge \neg R) \vee (\neg P \wedge \neg Q \wedge R)$

　　$\vee (\neg P \wedge \neg Q \wedge \neg R) \vee (P \wedge Q \wedge R) \vee (\neg P \wedge Q \wedge R)$

$\Leftrightarrow (\neg P \wedge Q \wedge R) \vee (\neg P \wedge Q \wedge \neg R) \vee (\neg P \wedge \neg Q \wedge R)$

　　$\vee (\neg P \wedge \neg Q \wedge \neg R) \vee (P \wedge Q \wedge R)$

$\Leftrightarrow m_3 \vee m_2 \vee m_1 \vee m_0 \vee m_7$

$\Leftrightarrow \sum (0, 1, 2, 3, 7)$

2. 主合取范式

定义 1.23　在含有 n 个命题变元的简单析取式中，若每个命题变元及其否定不同时出现，而二者之一必出现且仅出现一次，则称该简单析取式为大项。

例如：若命题公式含有两个命题变元 P 与 Q，则根据定义知 $\neg P \vee \neg Q$ 是大项，而 P 和 $P \vee Q \vee \neg P$ 不是大项；若命题公式含有三个命题变元 P、Q 和 R，则 $P \vee Q \vee \neg R$、$\neg P \vee Q \vee R$ 是大项，而 $P \vee \neg Q$、$Q \vee \neg R$、$P \vee \neg Q \vee R \vee Q$ 不是大项。

根据大项的定义可知，若命题公式含有 n 个命题变元，则构成的全部大项有 2^n 个。如：若命题公式含有两个命题变元 P 与 Q，则构成的全部大项有 $\neg P \vee \neg Q$、$\neg P \vee Q$、$P \vee \neg Q$、$P \vee Q$；若命题公式含有三个命题变元 P、Q 和 R，则构成的全部大项有 $\neg P \vee \neg Q \vee \neg R$、$\neg P \vee \neg Q \vee R$、$\neg P \vee Q \vee \neg R$、$\neg P \vee Q \vee R$、$P \vee \neg Q \vee \neg R$、$P \vee \neg Q \vee R$、$P \vee Q \vee \neg R$、$P \vee Q \vee R$。

表 1.24 列出了由三个命题变元 P、Q、R 构成的所有大项的真值表。

表 1.24 由三个命题变元 P、Q 和 R 构成的所有大项的真值表

P	Q	R	$P\vee Q\vee R$	$P\vee Q\vee\neg R$	$P\vee\neg Q\vee R$	$P\vee\neg Q\vee\neg R$
0	0	0	0	1	1	1
0	0	1	1	0	1	1
0	1	0	1	1	0	1
0	1	1	1	1	1	0
1	0	0	1	1	1	1
1	0	1	1	1	1	1
1	1	0	1	1	1	1
1	1	1	1	1	1	1

P	Q	R	$\neg P\vee Q\vee R$	$\neg P\vee Q\vee\neg R$	$\neg P\vee\neg Q\vee R$	$\neg P\vee\neg Q\vee\neg R$
0	0	0	1	1	1	1
0	0	1	1	1	1	1
0	1	0	1	1	1	1
0	1	1	1	1	1	1
1	0	0	0	1	1	1
1	0	1	1	0	1	1
1	1	0	1	1	0	1
1	1	1	1	1	1	0

大项的二进制编码为：命题变元按字母顺序排列，命题变元与 0 对应，命题变元的否定与 1 对应，则得到大项的二进制编码记为 M_i，其下标是由二进制编码转化的十进制数。表 1.25 列出了由三个命题变元 P、Q、R 构成的所有大项的二进制编码和十进制编码。

表 1.25 由三个命题变元构成的所有大项的二进制和十进制编码

大　项	二进制编码	十进制编码
$P\vee Q\vee R$	M_{000}	M_0
$P\vee Q\vee\neg R$	M_{001}	M_1
$P\vee\neg Q\vee R$	M_{010}	M_2
$P\vee\neg Q\vee\neg R$	M_{011}	M_3
$\neg P\vee Q\vee R$	M_{100}	M_4
$\neg P\vee Q\vee\neg R$	M_{101}	M_5
$\neg P\vee\neg Q\vee R$	M_{110}	M_6
$\neg P\vee\neg Q\vee\neg R$	M_{111}	M_7

从表 1.24 中可以看出大项具有如下性质：

(1) 各大项的真值表都不相同。因此任何两个大项都不等价。

(2) 每个大项当其真值指派与对应的二进制编码相同时，其真值为假；在其余 2^n-1 种指派情况下，其真值均为真。

(3) 任意两个不同大项的析取式是永真式。

例如：

$$M_0 \vee M_1 \Leftrightarrow (P \vee Q \vee R) \vee (P \vee Q \vee \neg R)$$
$$\Leftrightarrow P \vee Q \vee R \vee P \vee Q \vee \neg R$$
$$\Leftrightarrow P \vee Q \vee (\neg R \vee R)$$
$$\Leftrightarrow 1$$

(4) 全体大项的合取式为永假式。

定义 1.24 设命题公式 A 中含有 n 个命题变元，如果 A 的合取范式中，所有的简单析取式都是大项，则称该合取范式为 A 的主合取范式。

定理 1.10 任意含 n 个命题变元的非永真式命题公式都存在着与之等价的主合取范式，并且其主合取范式是唯一的。

证明 由定理 1.7 可知命题公式 A 存在着与之等价的合取范式，设为 A'。若 $A' = A_1 \wedge A_2 \wedge \cdots \wedge A_n$，并假设简单析取式 A_i 中不含有命题变元 P 及其否定 $\neg P$，则可将 A_i 变形为 $A_i \Leftrightarrow A_i \vee F \Leftrightarrow A_i \vee (P \wedge \neg P) \Leftrightarrow (A_i \vee P) \wedge (A_i \vee \neg P)$。消去重复的项及永真式后，即可得到公式 A 的主合取范式。

若命题公式 A 有两个与之等价的主合取范式 A' 和 A''，则 $A' \Leftrightarrow A''$。由于 A' 和 A'' 是两个不同的主合取范式，所以可假设 A' 中有大项 M_i，而 A'' 中没有，即当赋值为 i 的二进制时，A' 为假，A'' 为真。这与 $A' \Leftrightarrow A''$ 矛盾。所以公式 A 的主合取范式唯一。

一个命题公式的主合取范式可由真值表法和等值演算法求出。

1) 真值表法

定理 1.11 在命题公式 A 的真值表中，以 A 的成假赋值所对应的二进制数为编码的大项的合取为命题公式 A 的主合取范式。

证明 设以 A 的成假赋值所对应的二进制数为编码的大项为 $M_1, M_2, \cdots, M_k$。这些大项的合取记为 B，即 $B = M_1 \wedge M_2 \wedge \cdots \wedge M_k$。下面证明 $A \Leftrightarrow B$，即 A 和 B 具有相同的真值表。

设以 A 的某个成假赋值所对应的二进制数为编码的大项为 M_i，则 M_i 的真值为 0，M_1，$M_2, \cdots, M_{i-1}, M_{i+1}, \cdots, M_k$ 的真值均为 1，所以 $B = M_1 \wedge M_2 \wedge \cdots \wedge M_k$ 的真值为 0。

设以 A 的某个成真赋值所对应的二进制数为编码的大项为 B_i，即 B_i 的真值为 0，且 B_i 不在 $M_1, M_2, \cdots, M_k$ 中，则 $M_1, M_2, \cdots, M_k$ 的真值都为 1，所以 $B = M_1 \wedge M_2 \wedge \cdots \wedge M_k$ 的真值为 1。

证毕。

利用真值表法求主合取范式的基本步骤如下：

(1) 列出命题公式的真值表。

(2) 写出真值为 0 赋值所对应的大项。

(3) 将大项进行合取。

例 1.21 利用真值表法，写出下列命题公式的主合取范式。

(1) $(P \rightarrow Q) \rightarrow R$；

(2) $((P \lor Q) \rightarrow R) \rightarrow P$；

(3) $(P \rightarrow Q) \leftrightarrow R$；

(4) $\lnot (P \lor Q) \leftrightarrow (P \land Q)$；

(5) $(P \rightarrow Q) \land (P \rightarrow R)$。

解 (1) 命题公式 $(P \rightarrow Q) \rightarrow R$ 的真值表见表 1.19。

由表 1.19 可知，命题公式 $(P \rightarrow Q) \rightarrow R$ 在真值表的 000,010,110 行处真值为 0，所以

$$(P \rightarrow Q) \rightarrow R \Leftrightarrow M_0 \land M_2 \land M_6 \Leftrightarrow \prod(0, 2, 6)$$
$$\Leftrightarrow (P \lor Q \lor R) \land (P \lor \lnot Q \lor R) \land (\lnot P \lor \lnot Q \lor R)$$

(2) 命题公式 $((P \lor Q) \rightarrow R) \rightarrow P$ 的真值表见表 1.20。

由表 1.20 可知，命题公式 $((P \lor Q) \rightarrow R) \rightarrow P$ 在真值表的 000,001,011 行处真值为 0，所以

$$((P \lor Q) \rightarrow R) \rightarrow P \Leftrightarrow M_0 \land M_1 \land M_3 \Leftrightarrow \prod(0, 1, 3)$$
$$\Leftrightarrow (P \lor Q \lor R) \land (P \lor Q \lor \lnot R) \land (P \lor \lnot Q \lor \lnot R)$$

(3) 命题公式 $(P \rightarrow Q) \leftrightarrow R$ 的真值表见表 1.21。

由表 1.21 可知，命题公式 $(P \rightarrow Q) \leftrightarrow R$ 在真值表的 000,010,101,110 行处真值为 0，所以

$$(P \rightarrow Q) \leftrightarrow R \Leftrightarrow M_0 \land M_2 \land M_5 \land M_6 \Leftrightarrow \prod(0, 2, 5, 6)$$
$$\Leftrightarrow (P \lor Q \lor R) \land (P \lor \lnot Q \lor R) \land (\lnot P \lor Q \lor \lnot R) \land (\lnot P \lor \lnot Q \lor R)$$

(4) 命题公式 $\lnot (P \lor Q) \leftrightarrow (P \land Q)$ 的真值表见表 1.22。

由表 1.22 可知，命题公式 $\lnot (P \lor Q) \leftrightarrow (P \land Q)$ 在真值表的 00,11 行处真值为 0，所以

$$\lnot (P \lor Q) \leftrightarrow (P \land Q) \Leftrightarrow M_0 \land M_3 \Leftrightarrow \prod(0, 3) \Leftrightarrow (P \lor Q) \land (\lnot P \lor \lnot Q)$$

(5) 命题公式 $(P \rightarrow Q) \land (P \rightarrow R)$ 的真值表见表 1.23。

由表 1.23 可知，命题公式 $(P \rightarrow Q) \land (P \rightarrow R)$ 在真值表的 100,101,110 行处真值为 0，所以

$$(P \rightarrow Q) \land (P \rightarrow R) \Leftrightarrow M_4 \land M_5 \land M_6 \Leftrightarrow \prod(4, 5, 6)$$
$$\Leftrightarrow (\lnot P \lor Q \lor R) \land (\lnot P \lor Q \lor \lnot R) \land (\lnot P \lor \lnot Q \lor R)$$

2）等值演算法

利用等值演算法求解主合取范式的步骤如下：

(1) 求出命题公式 A 的合取范式 A'。

(2) 除去 A' 中的永真的合取项。

(3) 若 A' 的某个简单析取式 A_i' 不含有命题变元 P 及其否定 $\lnot P$，则可将 A_i' 变形为

$$A_i' \Leftrightarrow A_i' \lor F \Leftrightarrow A_i' \lor (P \land \lnot P) \Leftrightarrow (A_i' \lor P) \land (A_i' \lor \lnot P)$$

(4) 将重复出现的命题变元、永真式及重复出现的大项都消去。

(5) 将大项按顺序排列。

例 1.22 利用等值演算法，写出下列命题公式的主合取范式。

(1) $(P{\rightarrow}Q){\rightarrow}R$；

(2) $((P\lor Q){\rightarrow}R){\rightarrow}P$；

(3) $(P{\rightarrow}Q){\leftrightarrow}R$；

(4) $\neg(P\lor Q){\leftrightarrow}(P\land Q)$；

(5) $(P{\rightarrow}Q)\land(P{\rightarrow}R)$。

解 根据例 1.18 可知 5 个命题公式的合取范式，在此省略求合取范式的过程。

(1)　　$(P{\rightarrow}Q){\rightarrow}R$

　　$\Leftrightarrow(P\lor R)\land(\neg Q\lor R)$

　　$\Leftrightarrow((P\lor R)\lor(Q\land\neg Q))\land((P\land\neg P)\lor(\neg Q\lor R))$

　　$\Leftrightarrow(P\lor Q\lor R)\land(P\lor\neg Q\lor R)\land(P\lor\neg Q\lor R)\land(\neg P\lor\neg Q\lor R)$

　　$\Leftrightarrow(P\lor Q\lor R)\land(P\lor\neg Q\lor R)\land(\neg P\lor\neg Q\lor R)$

　　$\Leftrightarrow M_0\land M_2\land M_6$

　　$\Leftrightarrow\prod(0,2,6)$

(2)　　$((P\lor Q){\rightarrow}R){\rightarrow}P$

　　$\Leftrightarrow(P\lor Q)\land(P\lor\neg R)$

　　$\Leftrightarrow((P\lor Q)\lor(R\land\neg R))\land((P\lor\neg R)\lor(Q\land\neg Q))$

　　$\Leftrightarrow(P\lor Q\lor R)\land(P\lor Q\lor\neg R)\land(P\lor Q\lor\neg R)\land(P\lor\neg Q\lor\neg R)$

　　$\Leftrightarrow(P\lor Q\lor R)\land(P\lor Q\lor\neg R)\land(P\lor\neg Q\lor\neg R)$

　　$\Leftrightarrow M_0\land M_1\land M_3$

　　$\Leftrightarrow\prod(0,1,3)$

(3)　　$(P{\rightarrow}Q){\leftrightarrow}R$

　　$\Leftrightarrow(P\lor R)\land(\neg Q\lor R)\land(\neg P\lor Q\lor\neg R)$

　　$\Leftrightarrow((P\lor R)\lor(Q\land\neg Q))\land((P\land\neg P)\lor(\neg Q\lor R))\land(\neg P\lor Q\lor\neg R)$

　　$\Leftrightarrow(P\lor Q\lor R)\land(P\lor\neg Q\lor R)\land(P\lor\neg Q\lor R)\land(\neg P\lor\neg Q\lor R)$
　　　$\land(\neg P\lor Q\lor\neg R)$

　　$\Leftrightarrow(P\lor Q\lor R)\land(P\lor\neg Q\lor R)\land(\neg P\lor\neg Q\lor R)\land(\neg P\lor Q\lor\neg R)$

　　$\Leftrightarrow M_0\land M_2\land M_6\land M_5$

　　$\Leftrightarrow\prod(0,2,5,6)$

(4)　　$\neg(P\lor Q){\leftrightarrow}(P\land Q)$

　　$\Leftrightarrow(P\lor Q)\land(\neg P\lor\neg Q)$

　　$\Leftrightarrow M_0\land M_3$

　　$\Leftrightarrow\prod(0,3)$

(5) 　$(P \rightarrow Q) \wedge (P \rightarrow R)$

$\Leftrightarrow (\neg P \vee Q) \wedge (\neg P \vee R)$

$\Leftrightarrow ((\neg P \vee Q) \vee (R \wedge \neg R)) \wedge ((\neg P \vee R) \vee (Q \wedge \neg Q))$

$\Leftrightarrow (\neg P \vee Q \vee R) \wedge (\neg P \vee Q \vee \neg R) \wedge (\neg P \vee Q \vee R) \wedge (\neg P \vee \neg Q \vee R)$

$\Leftrightarrow (\neg P \vee Q \vee R) \wedge (\neg P \vee Q \vee \neg R) \wedge (\neg P \vee \neg Q \vee R)$

$\Leftrightarrow M_4 \wedge M_5 \wedge M_6$

$\Leftrightarrow \prod (4, 5, 6)$

3. 主析取范式和主合取范式的关系

定理 1.12　设 n 元命题公式 A 的主析取范式中有 k 个小项 $m_{i_1}, m_{i_2}, \cdots, m_{i_k}$，当且仅当 A 的主合取范式中有 $2^n - k$ 个大项 $M_{j_1}, M_{j_2}, \cdots, M_{j_{2^n-k}}$，且有

$$\{1, 2, \cdots, 2^n - 1\} - \{i_1, i_2, \cdots, i_k\} = \{j_1, j_2, \cdots, j_{2^n-k}\}$$

则已知命题公式 A 的主析取范式，即可求得其主合取范式；反之亦然。

小项 m_i 与大项 M_i 满足 $\neg m_i \Leftrightarrow M_i$，$\neg M_i \Leftrightarrow m_i$。例如：$m_5: P \wedge \neg Q \wedge R$，$M_5: \neg P \vee Q \vee \neg R$。

例如：若求得例 1.22(1) 中的主合取范式为 $M_0 \wedge M_2 \wedge M_6$，则可知主析取范式为 $m_1 \vee m_3 \vee m_4 \vee m_5 \vee m_7$，然后写出相应的小项即可。

4. 主析取范式和主合取范式的应用

1) 命题公式等价性的判定

由定理 1.8 和定理 1.10 可知，每个命题公式都存在着与之等价的唯一主析取范式和主合取范式，因此，如果两个命题公式等价，则相应的主范式也对应相同。

例 1.23　判断公式 $(P \rightarrow Q) \rightarrow P \wedge Q$ 和 $(\neg P \rightarrow Q) \wedge (Q \rightarrow P)$ 是否等价。

解　因为

$$(P \rightarrow Q) \rightarrow P \wedge Q \Leftrightarrow \neg(\neg P \vee Q) \vee (P \wedge Q)$$

$$\Leftrightarrow (P \wedge \neg Q) \vee (P \wedge Q)$$

$$\Leftrightarrow m_2 \vee m_3$$

$$(\neg P \rightarrow Q) \wedge (Q \rightarrow P) \Leftrightarrow (P \vee Q) \wedge (\neg Q \vee P)$$

$$\Leftrightarrow M_0 \wedge M_1$$

$$\Leftrightarrow m_2 \vee m_3$$

所以 $(P \rightarrow Q) \rightarrow P \wedge Q$ 和 $(\neg P \rightarrow Q) \wedge (Q \rightarrow P)$ 等价。

2) 命题公式类型的判定

定理 1.13　设 A 是含 n 个命题变元的命题公式，则

(1) A 为永真式当且仅当 A 的主析取范式中含有全部 2^n 个小项；

(2) A 为矛盾式当且仅当 A 的主合取范式中含有全部 2^n 个大项；

(3) 若 A 的主析取范式中至少含有一个小项，则 A 是可满足式。

也就是说，重言式只有主析取范式，矛盾式只有主合取范式，可满足式既有主合取范式又有主析取范式。

例 1.24 判断下列命题公式的类型。

(1) $(Q \rightarrow P) \wedge (\neg P \wedge Q)$；

(2) $\neg (P \rightarrow Q) \vee (P \vee Q)$；

(3) $((P \rightarrow Q) \wedge P) \rightarrow Q$。

解 (1) 因为

$$(Q \rightarrow P) \wedge (\neg P \wedge Q)$$
$$\Leftrightarrow (P \vee \neg Q) \wedge \neg P \wedge Q$$
$$\Leftrightarrow (P \vee \neg Q) \wedge (\neg P \vee (Q \wedge \neg Q)) \wedge ((P \wedge \neg P) \vee Q)$$
$$\Leftrightarrow (P \vee \neg Q) \wedge (\neg P \vee Q) \wedge (\neg P \vee \neg Q) \wedge (P \vee Q) \wedge (\neg P \vee Q)$$
$$\Leftrightarrow (P \vee \neg Q) \wedge (\neg P \vee Q) \wedge (\neg P \vee \neg Q) \wedge (P \vee Q) \wedge (\neg P \vee Q)$$
$$\Leftrightarrow (P \vee \neg Q) \wedge (\neg P \vee Q) \wedge (\neg P \vee \neg Q) \wedge (P \vee Q)$$
$$\Leftrightarrow M_1 \wedge M_2 \wedge M_3 \wedge M_0$$
$$\Leftrightarrow F$$

所以 $(Q \rightarrow P) \wedge (\neg P \wedge Q)$ 是矛盾式。

(2) 因为

$$\neg (P \rightarrow Q) \vee (P \vee Q)$$
$$\Leftrightarrow \neg (\neg P \vee Q) \vee P \vee Q$$
$$\Leftrightarrow (P \wedge \neg Q) \vee (P \wedge (Q \vee \neg Q)) \vee ((\neg P \vee P) \wedge Q)$$
$$\Leftrightarrow (P \wedge \neg Q) \vee (P \wedge Q) \vee (P \wedge \neg Q) \vee (\neg P \wedge Q) \vee (P \wedge Q)$$
$$\Leftrightarrow (P \wedge \neg Q) \vee (\neg P \wedge Q) \vee (P \wedge Q)$$
$$\Leftrightarrow m_2 \vee m_1 \vee m_3$$

所以 $\neg (P \rightarrow Q) \vee (P \vee Q)$ 是可满足式。

(3) 因为

$$((P \rightarrow Q) \wedge P) \rightarrow Q$$
$$\Leftrightarrow \neg ((\neg P \vee Q) \wedge P) \vee Q$$
$$\Leftrightarrow (P \wedge \neg Q) \vee \neg P \vee Q$$
$$\Leftrightarrow (P \wedge \neg Q) \vee \neg P \wedge (Q \vee \neg Q) \vee (P \vee \neg P) \wedge Q$$
$$\Leftrightarrow (P \wedge \neg Q) \vee (\neg P \wedge Q) \vee (\neg P \wedge \neg Q) \vee (P \wedge Q) \vee (\neg P \wedge Q)$$
$$\Leftrightarrow (P \wedge \neg Q) \vee (\neg P \wedge Q) \vee (\neg P \wedge \neg Q) \vee (P \wedge Q)$$
$$\Leftrightarrow m_2 \vee m_1 \vee m_0 \vee m_3$$
$$\Leftrightarrow T$$

所以 $((P \rightarrow Q) \wedge P) \rightarrow Q$ 是永真式。

3) 逻辑推理

例 1.25 A、B、C 三人，A 说 B 在说谎，B 说 C 在说谎，C 说 A 和 B 都在说谎。三人中谁在说谎?

解 设 P：A 说真话，Q：B 说真话，R：C 说真话，则已知条件可以表示为

$$(P \leftrightarrow \neg Q) \wedge (Q \leftrightarrow \neg R) \wedge (R \leftrightarrow (\neg P \wedge \neg Q))$$

其真值表如表 1.26 所示。

表 1.26 $(P \leftrightarrow \neg Q) \wedge (Q \leftrightarrow \neg R) \wedge (R \leftrightarrow (\neg P \wedge \neg Q))$ 的真值表

P	Q	R	$(P \leftrightarrow \neg Q) \wedge (Q \leftrightarrow \neg R) \wedge (R \leftrightarrow (\neg P \wedge \neg Q))$
0	0	0	0
0	0	1	0
0	1	0	1
0	1	1	0
1	0	0	0
1	0	1	0
1	1	0	0
1	1	1	0

由表 1.26 可知，$(P \leftrightarrow \neg Q) \wedge (Q \leftrightarrow \neg R) \wedge (R \leftrightarrow (\neg P \wedge \neg Q))$ 的主析取范式为 $\neg P \wedge Q \wedge \neg R$。因此，可以断定 A 和 C 在说谎，B 说真话。

例 1.26 某学校有 3 名工程师 A、B、C。学校要派他们中的 1 至 2 人去进修，由于学校工作的需要，选派时必须满足以下条件：若 A 去，则 C 也去；若 B 去，则 C 不能去；若 C 不去，则 A 或 B 去。问学校应如何选派他们？

解 设 P：A 去进修，Q：B 去进修，R：C 去进修，则由已知条件可得命题公式

$$(P \to R) \wedge (Q \to \neg R) \wedge (\neg R \to (P \vee Q))$$
$$\Leftrightarrow (\neg P \vee R) \wedge (\neg Q \vee \neg R) \wedge (R \vee P \vee Q)$$
$$\Leftrightarrow ((\neg P \vee R) \vee (Q \wedge \neg Q)) \wedge ((P \wedge \neg P) \vee (\neg Q \vee \neg R)) \wedge (P \vee Q \vee R)$$
$$\Leftrightarrow (\neg P \vee Q \vee R) \wedge (\neg P \vee \neg Q \vee R) \wedge (P \vee \neg Q \vee \neg R)$$
$$\wedge (\neg P \vee \neg Q \vee \neg R) \wedge (P \vee Q \vee R)$$
$$\Leftrightarrow M_4 \wedge M_6 \wedge M_3 \wedge M_7 \wedge M_0$$
$$\Leftrightarrow m_1 \vee m_2 \vee m_5$$
$$\Leftrightarrow (\neg P \wedge \neg Q \wedge R) \vee (\neg P \wedge Q \wedge \neg R) \vee (P \wedge \neg Q \wedge R)$$

所以学校有三种选派方案：① 只有 C 去；② 只有 B 去；③ A 和 C 去。

1.8 命题逻辑的推理理论

逻辑学是研究思维规律及推理的形式结构的科学。推理是从前提推出结论的思维过程。其中，前提是已知的命题公式，结论是从前提出发应用推理规则推出的命题公式。

定义 1.25 设 $A_1, A_2, \cdots, A_n$ 和 B 均是命题公式，若 $A_1 \wedge A_2 \wedge \cdots \wedge A_n \Rightarrow B$，则称 B 是前提 $A_1, A_2, \cdots, A_n$ 的有效结论。

注意 在形式逻辑中，并不关心前提 $A_1, A_2, \cdots, A_n$ 的真值是否为真，也不关心有效结论 B 的真值是否为真，仅关心由给定的前提 $A_1, A_2, \cdots, A_n$ 是否能推出结论 B。

由定义 1.25 可知，要证明 B 是前提 A_1，A_2，$\cdots$，A_n 的有效结论，只需证明 $A_1 \wedge A_2 \wedge \cdots \wedge A_n \Rightarrow B$。1.6.1 节介绍了三种方法，但当命题变量增多时，证明过程比较繁琐，因此引入有效推理的方法。本节介绍直接证法和间接证法。

1.8.1　直接证法

直接证法就是由一组命题，利用一些公认的推理规则，根据已知的等价式或蕴含式，推演出有效结论，即形式演绎法。

直接证法必须遵循下列推理规则：

P 规则：前提条件在推导过程中的任何时候都可以引入使用。

T 规则：在推导过程中，所证明的结论、已知的等价或蕴含公式都可以作为后续证明的前提，命题公式中的任何子公式都可以用与之等价的命题公式置换。

现将常用的蕴含式和等价式列入表 1.27 和表 1.28 中。

表 1.27　常用的蕴含式

代号	基本蕴含式	代号	基本蕴含式
I_1	$P \wedge Q \Rightarrow P$	I_9	$P, Q \Rightarrow P \wedge Q$
I_2	$P \wedge Q \Rightarrow Q$	I_{10}	$\neg P, P \vee Q \Rightarrow Q$
I_3	$P \Rightarrow P \vee Q$	I_{11}	$P, P \rightarrow Q \Rightarrow Q$
I_4	$Q \Rightarrow P \vee Q$	I_{12}	$\neg Q, P \rightarrow Q \Rightarrow \neg P$
I_5	$\neg P \Rightarrow P \rightarrow Q$	I_{13}	$P \rightarrow Q, Q \rightarrow R \Rightarrow P \rightarrow R$
I_6	$Q \Rightarrow P \rightarrow Q$	I_{14}	$P \vee Q, P \rightarrow R, Q \rightarrow R \Rightarrow R$
I_7	$\neg (P \rightarrow Q) \Rightarrow P$	I_{15}	$P \rightarrow Q \Rightarrow (P \vee R) \rightarrow (Q \vee R)$
I_8	$\neg (P \rightarrow Q) \Rightarrow \neg Q$	I_{16}	$P \rightarrow Q \Rightarrow (P \wedge R) \rightarrow (Q \wedge R)$

表 1.28　常用的等价式

代号	基本等价式	代号	基本等价式
E_1	$\neg \neg P \Leftrightarrow P$	E_{12}	$R \vee (P \wedge \neg P) \Leftrightarrow R$
E_2	$P \wedge Q \Leftrightarrow Q \wedge P$	E_{13}	$R \wedge (P \vee \neg P \Leftrightarrow R$
E_3	$P \vee Q \Leftrightarrow Q \vee P$	E_{14}	$R \vee (P \vee \neg P) \Leftrightarrow T$
E_4	$(P \wedge Q) \wedge R \Leftrightarrow P \wedge (Q \wedge R)$	E_{15}	$R \wedge (P \wedge \neg P) \Leftrightarrow F$
E_5	$(P \vee Q) \vee R \Leftrightarrow P \vee (Q \vee R)$	E_{16}	$P \rightarrow Q \Leftrightarrow \neg P \vee Q$
E_6	$P \wedge (Q \vee R) \Leftrightarrow (P \wedge Q) \vee (P \wedge R)$	E_{17}	$\neg (P \rightarrow Q) \Leftrightarrow P \wedge \neg Q$
E_7	$P \vee (Q \wedge R) \Leftrightarrow (P \vee Q) \wedge (P \vee R)$	E_{18}	$P \rightarrow Q \Leftrightarrow \neg Q \rightarrow \neg P$
E_8	$\neg (P \wedge Q) \Leftrightarrow \neg P \vee \neg Q$	E_{19}	$P \rightarrow (Q \rightarrow R) \Leftrightarrow (P \wedge Q) \rightarrow R$
E_9	$\neg (P \vee Q) \Leftrightarrow \neg P \wedge \neg Q$	E_{20}	$P \leftrightarrow Q \Leftrightarrow (P \rightarrow Q) \wedge (Q \rightarrow P)$
E_{10}	$P \vee P \Leftrightarrow P$	E_{31}	$P \leftrightarrow Q \Leftrightarrow (P \wedge Q) \vee (\neg P \wedge \neg Q)$
E_{11}	$P \wedge P \Leftrightarrow P$	E_{22}	$\neg (P \leftrightarrow Q) \Leftrightarrow P \leftrightarrow \neg Q$

例 1.27 证明 $P \rightarrow (Q \lor R) \land (Q \rightarrow S) \land P \land \neg S \Rightarrow R$。

证明

(1) $P \rightarrow (Q \lor R)$	P
(2) P	P
(3) $Q \lor R$	T, (1), (2), I_{11}
(4) $Q \rightarrow S$	P
(5) $\neg S \rightarrow \neg Q$	T, (4), E_{18}
(6) $\neg S$	P
(7) $\neg Q$	T, (5), (6), I_{11}
(8) R	T, (3), (7), I_{10}

例 1.28 证明 $(P \lor Q) \rightarrow R$, $R \rightarrow (C \lor S)$, $S \rightarrow U$, $\neg C \land \neg U \Rightarrow \neg P$。

证明

(1) $\neg C \land \neg U$	P
(2) $\neg U$	T, (1), I_2
(3) $S \rightarrow U$	P
(4) $\neg S$	T, (2), (3), I_{12}
(5) $\neg C$	T, (1), I_1
(6) $\neg C \land \neg S$	T, (4), (5), I_9
(7) $\neg (C \lor S)$	T, (6), E_9
(8) $(P \lor Q) \rightarrow R$	P
(9) $R \rightarrow (C \lor S)$	P
(10) $(P \lor Q) \rightarrow (C \lor S)$	T, (8), (9), I_{13}
(11) $\neg (P \lor Q)$	T, (7), (10), I_{12}
(12) $\neg P \land \neg Q$	T, (11), E_9
(13) $\neg P$	T, (12), I_1

例 1.29 证明 $R \land (Q \lor P)$ 是前提 $P \lor Q$, $Q \rightarrow R$, $P \rightarrow S$, $\neg S$ 的有效结论。

证明

(1) $P \rightarrow S$	P
(2) $\neg S$	P
(3) $\neg P$	T, (1), (2), I_{12}
(4) $P \lor Q$	P
(5) Q	T, (3), (4), I_{10}
(6) $Q \rightarrow R$	P
(7) R	T, (5), (6), I_{11}
(8) $R \land (Q \lor P)$	T, (4), (7), I_9

例 1.30 如果考试及格,那我高兴。若我高兴,那么我饭量增加。我的饭量没增加,所以我考试没及格。

证明 设 P:我考试及格,Q:我高兴,R:我饭量增加,则已知条件可以表示为
$$(P \rightarrow Q) \land (Q \rightarrow R) \land \neg R \Rightarrow \neg P$$

证明如下：

  (1) $P \rightarrow Q$ P

  (2) $Q \rightarrow R$ P

  (3) $P \rightarrow R$ T，(1)，(2)，I_{13}

  (4) $\neg R$ P

  (5) $\neg P$ T，(3)，(4)，I_{12}

例 1.31 已知张三或李四的彩票中奖，如果张三中奖，你是会知道的；如果李四中奖，王五也中奖了；现在你不知道张三中奖。试用逻辑推理来确定谁中奖了，并写出推理过程。

解 设 P：张三中奖，Q：李四中奖，R：王五中奖，S：你知道张三中奖。由题设得已知条件 $P \vee Q$、$P \rightarrow S$、$Q \rightarrow R$、$\neg S$，则推理如下：

  (1) $\neg S$ P

  (2) $P \rightarrow S$ P

  (3) $\neg P$ T，(1)，(2)，I_{12}

  (4) $P \vee Q$ P

  (5) Q T，(3)，(4)，I_{10}

  (6) $Q \rightarrow R$ P

  (7) R T，(5)，(6)，I_{11}

  (8) $Q \wedge R$ T，(5)，(7)，I_9

即李四和王五都中奖了。

1.8.2 间接证法

间接证法主要有两种，一种称之为附加前提证明法（CP 规则），还有一种是常用的反证法（也称归谬法）。

1. 附加前提证明法（CP 规则）

要证明 $A_1 \wedge A_2 \wedge \cdots \wedge A_n \Rightarrow B \rightarrow C$，只需证明 $A_1 \wedge A_2 \wedge \cdots \wedge A_n \wedge B \Rightarrow C$，这种方法称为附加前提证明法。

因为要证明 $A_1 \wedge A_2 \wedge \cdots \wedge A_n \Rightarrow B \rightarrow C$，所以只需证明 $A_1 \wedge A_2 \wedge \cdots \wedge A_n \rightarrow (B \rightarrow C)$ 是重言式。由公式等价性知 $(A_1 \wedge A_2 \wedge \cdots \wedge A_n) \rightarrow (B \rightarrow C) \Leftrightarrow (A_1 \wedge A_2 \wedge \cdots \wedge A_n \wedge B) \rightarrow C$。因此可证 $(A_1 \wedge A_2 \wedge \cdots \wedge A_n \wedge B) \rightarrow C$ 是重言式，即证 $A_1 \wedge A_2 \wedge \cdots \wedge A_n \wedge B \Rightarrow C$。

例 1.32 证明 $(P \vee Q) \rightarrow (R \wedge S)$，$(S \vee T) \rightarrow M \Rightarrow P \rightarrow M$。

证明 (1) P P（附加前提）

  (2) $P \vee Q$ T，(1)，I_3

  (3) $(P \vee Q) \rightarrow (R \wedge S)$ P

  (4) $R \wedge S$ T，(2)，(3)，I_{11}

  (5) S T，(4)，I_2

  (6) $S \vee T$ T，(5)，I_3

$(7)\ (S \lor T) \rightarrow M$ P

$(8)\ M$ T，(6)，(7)，I_{11}

$(9)\ P \rightarrow M$ CP

例 1.33 证明由 $P \rightarrow (Q \rightarrow S)$，$\neg R \lor P$，$Q$ 能有效推出 $R \rightarrow S$。

证明 $(1)\ R$ P（附加前提）

$(2)\ \neg R \lor P$ P

$(3)\ P$ T，(1)，(2)，I_{10}

$(4)\ P \rightarrow (Q \rightarrow S)$ P

$(5)\ Q \rightarrow S$ T，(3)，(4)，I_{11}

$(6)\ Q$ P

$(7)\ S$ T，(5)，(6)，I_{11}

$(8)\ R \rightarrow S$ CP

例 1.34 "如果 A 认真学习，那么 B 或 C 将生活愉快；如果 B 生活愉快，那么 A 将不认真学习；如果 D 只表扬 A，那么 C 将不愉快。所以如果 A 认真学习，D 不是只表扬 A。" 这些语句是否构成一个正确的推理？

证明 设 P：A 认真学习，Q：B 将生活愉快，R：C 将生活愉快，S：D 只表扬 A，则由已知可得

前提：$P \rightarrow (Q \lor R)$，$Q \rightarrow \neg P$，$S \rightarrow \neg R$；结论：$P \rightarrow \neg S$

推理过程如下：

$(1)\ P$ P（附加前提）

$(2)\ Q \rightarrow \neg P$ P

$(3)\ \neg Q$ T，(1)，(2)，I_{12}

$(4)\ P \rightarrow (Q \lor R)$ P

$(5)\ Q \lor R$ T，(1)，(4)，I_{11}

$(6)\ R$ T，(3)，(5)，I_{10}

$(7)\ S \rightarrow \neg R$ P

$(8)\ \neg S$ T，(6)，(7)，I_{12}

$(9)\ P \rightarrow \neg S$ CP

因此，上述推理是正确的。

2. 归谬法

归谬法是经常使用的一种间接证明方法，该法将结论的否定形式作为附加前提与给定的前提条件一起推证来导出矛盾。它的基本原理是：$A \Rightarrow B$ 当且仅当 $A \land \neg B$ 为矛盾式。

因为要证 $A \Rightarrow B$，只需证明 $A \rightarrow B$ 为重言式。又因为

$$A \rightarrow B \Leftrightarrow \neg A \lor B，\ \neg A \lor B \Leftrightarrow \neg(A \land \neg B)$$

所以只需证明 $A \land \neg B$ 为矛盾式即可。

例 1.35 证明 $P \rightarrow (\neg Q \rightarrow R)$，$Q \rightarrow \neg P$，$S \rightarrow \neg R$，$P \Rightarrow \neg S$。

证明 $(1)\ S$ P（附加前提）

(2) $S \rightarrow \neg R$	P
(3) $\neg R$	T, (1), (2), I_{11}
(4) P	P
(5) $P \rightarrow (\neg Q \rightarrow R)$	P
(6) $\neg Q \rightarrow R$	T, (4), (5), I_{11}
(7) $Q \rightarrow \neg P$	P
(8) $\neg Q$	T, (4), (7), I_{12}
(9) R	T, (6), (8), I_{11}
(10) $\neg R \wedge R$(矛盾式)	T, (3), (9), I_9

例 1.36 证明 $P \vee Q$, $P \rightarrow R$, $Q \rightarrow S \Rightarrow R \vee S$。

证明

(1) $\neg(R \vee S)$	P(附加前提)
(2) $\neg R \wedge \neg S$	T, (1), E_9
(3) $\neg R$	T, (2), I_1
(4) $P \rightarrow R$	P
(5) $\neg P$	T, (3), (4), I_{12}
(6) $P \vee Q$	P
(7) Q	T, (5), (6), I_{10}
(8) $Q \rightarrow S$	P
(9) S	T, (7), (8), I_{11}
(10) $\neg S$	T, (2), I_2
(11) $S \wedge \neg S$(矛盾式)	T, (9), (10), I_9

例 1.37 "如果下雨,春游就改期了;如果没有球赛,春游就不改期。结果没有球赛,所以没有下雨。"证明这是有效的论断。

证明 设 P:天下雨,Q:春游改期,R:有球赛,则由已知可得

前提:$P \rightarrow Q$, $\neg R \rightarrow \neg Q$, $\neg R$;结论:$\neg P$

(1) P	P(附加前提)
(2) $P \rightarrow Q$	P
(3) Q	T, (1), (2), I_{11}
(4) $\neg R \rightarrow \neg Q$	P
(5) $\neg R$	P
(6) $\neg Q$	T, (4), (5), I_{11}
(7) $Q \wedge \neg Q$(矛盾式)	T, (3), (6), I_9

本 章 小 结

本章讲述命题逻辑的相关概念和定理,如命题、命题的真值、逻辑联结词、简单命题、复合命题、命题公式、真值表、等价公式、重言式、矛盾式、蕴含式、(主)析取范式、(主)

合取范式等概念以及命题公式的翻译、命题公式的类型的判别、等价公式及蕴含式的求证方法、主范式的求取、命题逻辑的推理理论和证明方法等。命题逻辑主要研究的是命题和命题间的逻辑关系。

数理逻辑中的命题逻辑是最简单也是最基础的，运用形式语言来表达数学思维的形式结构和推理规则，不仅对理解数学推理十分重要，而且在计算机科学中有许多应用，开关线路、自动化系统和计算机设计等都可用命题演算公式来表示。

习 题 1

1. 下列语句为命题的是(　　)。

    A. 再过 5000 年，地球上就没水了　　　　B. $x > 1.5$

    C. 水开了吗？　　　　　　　　　　　　　D. 我正在说谎

2. 下列命题为原子命题的是(　　)。

    A. 数学使人精细，逻辑使人善辩　　　　B. 哥白尼指出太阳绕地球转

    C. 燕子飞回南方，春天到了　　　　　　D. 暮春三月，江南草长

3. 下列命题为假命题的是(　　)。

    A. 如果 2 是偶数，那么一个命题公式的析取范式唯一

    B. 如果 2 是偶数，那么一个命题公式的析取范式不唯一

    C. 如果 2 是奇数，那么一个命题公式的析取范式唯一

    D. 如果 2 是奇数，那么一个命题公式的析取范式不唯一

4. 给定命题公式如下：

$$(\neg P \rightarrow Q) \rightarrow (\neg P \wedge Q)$$

该命题公式的成真赋值个数是(　　)。

    A. 0　　　　　　　B. 1　　　　　　　C. 2　　　　　　　D. 3

5. 下列符号串为合式公式的是(　　)。

    A. $P \Leftrightarrow Q$　　　　　　　　　　　　　B. $P \Rightarrow P \vee Q$

    C. $(\neg P \vee Q) \wedge (P \vee \neg Q)$　　　　　D. $A \Leftrightarrow B$

6. 下列等价公式正确的是(　　)。

    A. $\neg(P \wedge Q) \Leftrightarrow P \rightarrow Q$　　　　　　B. $\neg(P \wedge Q) \Leftrightarrow \neg P \vee \neg Q$

    C. $\neg(P \wedge Q) \Leftrightarrow \neg P \vee Q$　　　　　D. $\neg(P \wedge Q) \Leftrightarrow \neg P \wedge \neg Q$

7. 命题公式 $(\neg P \rightarrow Q) \rightarrow (\neg Q \vee P)$ 中极小项的个数为(　　)。

    A. 0　　　　　　　B. 1　　　　　　　C. 2　　　　　　　D. 3

8. 下述公式为重言式的是(　　)。

    A. $\neg(P \wedge Q) \rightarrow (P \vee Q)$　　　　B. $(P \leftrightarrow Q) \leftrightarrow ((P \rightarrow Q) \wedge (Q \rightarrow P))$

    C. $\neg(P \rightarrow Q) \wedge Q$　　　　　　　D. $\neg P \rightarrow (Q \wedge R)$

9. 以下推理错误的是(　　)。

    A. $P, \neg P \vee Q \Rightarrow Q$　　　　　　　　B. $P \vee Q \Rightarrow P$

C. $\neg Q, P \rightarrow Q \Rightarrow \neg P$ D. $P, P \rightarrow Q \Rightarrow Q$

10. 前提条件：$P \rightarrow (Q \rightarrow S)$，$Q$，$P \vee \neg R$，则它的有效推论为（   ）。

    A. S B. $R \rightarrow S$

    C. P D. $R \rightarrow Q$

11. 设 P 表示"我去学校"，Q 表示"明天上午 8 点下雨"，则命题"只有当明天上午 8 点不下雨时我才去学校"符号化为 _____。

12. 公式 $(P \wedge Q) \rightarrow (R \vee S)$ 的真值表中共有 _____ 种真值指派。

13. 给定命题公式：$P \vee (\neg P \rightarrow (Q \vee (\neg Q \rightarrow R)))$，则它的成假赋值为 _____。

14. 命题公式 $P \rightarrow Q$ 的逆反式是 _____。

15. 命题公式 $(\neg P \rightarrow Q) \rightarrow (\neg Q \vee P)$ 的主合取范式为 _____。

16. 设命题公式 A 的真值表如下：

P	0	0	0	0	1	1	1	1
Q	0	0	1	1	0	0	1	1
R	0	1	0	1	0	1	0	1
A	0	0	1	0	1	1	0	0

则命题公式 A 的主析取范式为 _____。

17. 判断下列命题公式的类型。

(1) $((P \rightarrow Q) \wedge (Q \rightarrow R)) \rightarrow (P \rightarrow R)$；

(2) $\neg (P \vee R) \vee (\neg P \wedge Q)$；

(3) $(P \wedge Q) \wedge \neg (P \vee Q)$。

18. 求下列命题公式的主析取范式和主合取范式。

(1) $\neg (P \rightarrow Q) \vee (P \vee R)$；

(2) $(P \vee \neg Q) \rightarrow R$；

(3) $(\neg Q \rightarrow R) \wedge (P \rightarrow R)$。

19. 推证下列蕴含式是否成立。

(1) $(P \wedge Q) \Rightarrow P \rightarrow Q$；

(2) $(\neg P \wedge \neg Q) \Rightarrow \neg (P \wedge Q)$；

(3) $(P \rightarrow (Q \rightarrow R)) \wedge (Q \rightarrow (R \rightarrow S)) \Rightarrow P \rightarrow (Q \rightarrow S)$。

20. 符号化下列命题并推证其结论是否有效。

(1) 如果 6 是偶数，则 2 不能整除 7；或者 5 不是素数，或者 2 整除 7；5 是素数，因此 6 是奇数。

(2) 如果今天是星期六，我们就去公园或去爬山；如果公园人太多，我们就不去公园；今天是星期六，公园人太多，所以我们去爬山。

(3) 若不下雨或不起雾，则举行游泳比赛和跳水表演；若举行游泳比赛，则颁发奖品；没有颁发奖品，所以下雨。

第 2 章 谓 词 逻 辑

☞ 本章学习目标

• 理解谓词、命题函数、复合命题函数、全称量词、存在量词、谓词公式、约束变元、自由变元、谓词演算的等价式与蕴含式、前束范式等概念
• 掌握谓词公式翻译、谓词公式的前束范式的求法
• 掌握证明两个谓词公式等价的方法
• 掌握谓词演算的推理规则及谓词演算的推理证明的方法

命题逻辑研究的是命题和命题之间的逻辑关系，命题是基本单位，它把原子命题作为不可再分的整体，不研究原子命题的内在结构特征，这就导致命题逻辑具有一定的局限性，即无法表达事物间复杂的逻辑关系，甚至无法判定一些简单而常见的推理。例如，命题逻辑无法描述数量关系：设 P 表示所有学生都喜欢离散数学，Q 表示有些学生喜欢离散数学，这样表示两个命题，表达不出它们的区别。又如，著名的苏格拉底三段论：

所有的人都是要死的。
苏格拉底是人。
苏格拉底是要死的。

设 P：所有的人都是要死的，Q：苏格拉底是人，R：苏格拉底是要死的，则在命题逻辑中，苏格拉底三段论可表示为 $P \wedge Q \Rightarrow R$。用命题逻辑的知识，我们无法证明 $P \wedge Q \rightarrow R$ 是重言式，所以不能证明 $P \wedge Q \Rightarrow R$ 推理正确。

为了克服命题逻辑的局限性，有必要对原子命题的内在结构做进一步的划分，划分出个体、谓词和量词，研究它们的形式结构和逻辑关系，以及推理形式和规则。

2.1 谓词的概念与表示

命题是能够判断真假的陈述句。一般地说，陈述句由主语和谓语两部分组成，它揭示了命题的内在结构和命题之间的关系。在谓词逻辑中，把一个原子命题分为个体与谓词两部分。

2.1.1 个体和谓词

定义 2.1 原子命题所描述的对象称为个体。它可以是独立存在的具体事物，也可以

是抽象的概念。

定义 2.2　描述个体所具有的性质或个体之间关系的词称为谓词。

例如："张红是三好学生"中，"张红"是个体，"…是三好学生"是谓词，描述个体的性质；"李四和王五是同学"中，"李四"、"王五"是个体，"…和…是同学"是谓词，描述个体间的关系。

例 2.1　指出下列命题的个体和谓词。

（1）上海位于杭州和北京之间。

（2）2 小于 3。

（3）上课认真听讲是好习惯。

（4）张强比张明跳得远。

（5）3＋4＝7。

解　（1）"上海"、"杭州"、"北京"是个体，"…位于…和…之间"是谓词，描述个体间的关系。

（2）"2"和"3"是个体，"…小于…"是谓词，描述个体间的关系。

（3）"上课认真听讲"是个体，"…是好习惯"是谓词，描述个体的性质。

（4）"张强"和"张明"是个体，"…比…跳得远"是谓词，描述个体间的关系。

（5）"3"、"4"和"7"是个体，"…＋…＝…"是谓词，描述个体间的关系。

注意　*一般用小写英文字母表示个体，用大写英文字母表示谓词。*

定义 2.3　表示具体或特定的个体的词称为个体常量（或者个体常元），用小写字母 a、b、c 等表示；表示泛指的个体的词称为个体变量（或者个体变元），用 x、y、z 表示。

定义 2.4　表示具体性质或关系的谓词称为谓词常量（或者谓词常元）；表示抽象或泛指的性质或关系的谓词称为谓词变量（或者谓词变元）。谓词常元或谓词变元都用大写字母 A、B 等表示。

通常个体 a 具有性质 F，记为 $F(a)$，其中 a 为个体常量或个体变量，F 为谓词常量或谓词变量；个体 a_1，a_2，…，a_n 具有关系 L，记为 $L(a_1, a_2, \cdots, a_n)$，其中 a_1，a_2，…，a_n 为个体常量或个体变量，L 为谓词常量或谓词变量。

注意　*在谓词逻辑中，将命题符号化时指出其个体和谓词。*

例 2.2　将下列命题符号化。

（1）苏格拉底是人。

（2）如果 2＜3，3＜5，则 2＜5。

（3）小红与小明都是大学生。

（4）张三不是工人。

（5）小红会说英语或者法语。

解　（1）符号化为 $M(a)$，其中，$M(x)$：x 是人，a：苏格拉底。

（2）符号化为 $L(2, 3) \wedge L(3, 5) \to L(2, 5)$，其中，$L(x, y)$：$x$ 小于 y。

（3）符号化为 $S(a) \wedge S(b)$，其中，$S(x)$：x 是大学生，a：小红，b：小明。

（4）符号化为 $\neg W(a)$，其中，$W(x)$：x 是工人，a：张三。

（5）符号化为 $P(a) \vee Q(a)$，其中，$P(x)$：x 会说英语，$Q(x)$：x 会说法语，a：小红。

定义 2.5 由一个谓词常量或谓词变量 A，$n(n \geqslant 0)$ 个个体变量 x_1，x_2，$\cdots$，x_n 组成的表达式 $A(x_1, x_2, \cdots, x_n)$ 称为 n 元谓词或 n 元命题函数。

$A(x)$ 为一元谓词，描述了个体的性质。n 元谓词 $A(x_1, x_2, \cdots, x_n)$ 描述了个体间的关系。在 n 元谓词中代表个体的字母不能随意更改次序。如例 2.2 中的（2）$L(x, y)$ 表示的是 x 小于 y，而 $L(y, x)$ 表示的是 y 小于 x。

n 元谓词不是命题，只有当个体变元用具体的个体替代时才称为一个命题。不含变元的谓词即 0 元谓词是命题，因此命题是谓词的特殊情况。

个体变元的取值范围会影响命题的真值。例如，$S(x)$：x 是大学生，当 x 的取值范围为某高校的全体学生时，$S(x)$ 的真值为真；当 x 的取值范围为某小学的全体学生时，$S(x)$ 的真值为假。因此，在谓词逻辑中，需要制定个体的取值范围。

定义 2.6 个体的取值范围称为个体域或论域。个体域可以是有限的也可以是无限的。把宇宙间一切事物组成的个体域称为全总个体域。

一般情况下，如果没有特别说明，个体的论述范围为全总个体域。当给定个体域后，个体常元为该个体域中的一个确定的元素，个体变元则可取该个体域中的任一元素。

2.1.2 量词

利用前面介绍的一些概念，还不能用符号很好地表达日常生活中的各种命题。例如：$S(x)$：x 是大学生，而 x 的个体域为某单位的职工，那么 $S(x)$ 可以表示某单位职工都是大学生，也可以表示某单位存在一些职工是大学生。为了避免这种理解上的混乱，需要引入量词，用以刻画"所有的"和"存在一些"的不同概念。

定义 2.7 "$\forall$"称为全称量词。自然语言中，"一切的 x"、"所有的 x"、"每一个 x"、"任意的 x"都可以用全称量词表示，记为 $\forall x$。$\forall x F(x)$ 表示个体域里的每一个个体都具有性质 F。

定义 2.8 "$\exists$"称为存在量词。自然语言中，"存在一个 x"、"至少有一个 x"、"有一个 x"、"对某一个 x"都可以用存在量词表示，记为 $\exists x$。$\exists x F(x)$ 表示个体域里至少存在一个个体具有性质 F。

例 2.3 符号化下列命题。

（1）所有的人是要呼吸的。

（2）有的函数连续。

（3）每个有理数是实数。

（4）有的人用左手画画。

（5）所有的偶数都能被 2 整除。

解 （1）符号化为 $\forall x(M(x) \rightarrow H(x))$，其中，$M(x)$：$x$ 是人，$H(x)$：x 是要呼吸的。

（2）符号化为 $\exists x(Q(x) \wedge R(x))$，其中，$Q(x)$：$x$ 是函数，$R(x)$：x 是连续的。

（3）符号化为 $\forall x(Q(x) \rightarrow R(x))$，其中，$Q(x)$：$x$ 是有理数，$R(x)$：x 是实数。

（4）符号化为 $\exists x(M(x) \wedge H(x))$，其中，$M(x)$：$x$ 是人，$H(x)$：x 用左手画画。

（5）符号化为 $\forall x(Q(x) \rightarrow R(x))$，其中，$Q(x)$：$x$ 是偶数，$R(x)$：x 能被 2 整除。

上述句子中，都没有指明个体的取值范围，因而都指全总个体域。在不同的论域中，同一个命题的符号化形式不一样。例如：在例 2.3 的 (1) 中，将个体域指定为所有人的集合，则 (1) 的符号化形式为 $\forall x H(x)$；在 (2) 中，将个体域指定为全体函数的集合，则 (2) 的符号化形式为 $\exists x R(x)$。

定义 2.9　对个体变元变化范围进行限定的谓词称为特性谓词。

如例 2.3 中的 $M(x)$、$Q(x)$ 等都是特性谓词。在命题符号化时，一定要正确地使用特性谓词。

一般地，对全称量词，特性谓词常作蕴含的前件；对存在量词，特性谓词常作合取项。即"所有的…是…"应表示成 $\forall x(A(x) \rightarrow B(x))$ 的形式，其中 $A(x)$ 是特性谓词；"存在…是…"应表示成 $\exists x(A(x) \wedge B(x))$ 的形式，其中 $A(x)$ 是特性谓词。

在命题符号化过程中值得强调以下几点：

（1）在不同的个体域中，同一命题的符号化形式可能相同，也可能不同。

（2）同一命题，在不同的个体域中的真值可能会有所不同。

$A(x)$ 不是命题，但在其前面加上量词后，$\forall x A(x)$ 与 $\exists x A(x)$ 在给定的个体域内就有了确定的真值，也就变成了命题。

2.2　谓词公式与翻译

2.2.1　谓词公式

定义 2.10　谓词演算的合式公式定义如下：

（1）n 元谓词是合式公式。

（2）如果 A 是合式公式，则 $\neg A$ 也是合式公式。

（3）如果 A 和 B 均是合式公式，则 $A \wedge B$、$A \vee B$、$A \rightarrow B$、$A \leftrightarrow B$ 等都是合式公式。

（4）若 A 是合式公式，x 是 A 中出现的任意变元，则 $\forall x A$ 和 $\exists x A$ 都是合式公式。

（5）当且仅当经过有限次的应用规则 (1)、(2)、(3)、(4) 所得到的公式是合式公式。

谓词演算的合式公式称为谓词公式。

例如，$P(x, y) \rightarrow (Q(x) \rightarrow R(y, z))$、$P(x) \wedge P(y)$、$P(x, y, z) \wedge (Q(x, y) \rightarrow R)$、$\exists x \exists y (P(x) \wedge Q(y) \wedge F(x, y))$ 等都是谓词公式。

由定义可知，命题公式也是谓词公式，因此命题逻辑包含在谓词逻辑中。

谓词公式中的最外层圆括号可以省略，但量词后面若有括号则不能省略，如 $\exists x(A(x) \wedge P(x))$、$\forall x(A(x) \rightarrow B(x))$。

2.2.2　谓词公式的翻译

用个体、谓词和量词可以将命题符号化，并且刻画命题的内在结构以及命题之间的关系。

例 2.4　将苏格拉底三段论符号化表示。

（1）所有的人都是要死的。

(2) 苏格拉底是人。

(3) 苏格拉底是要死的。

解 设 $M(x)$：x 是人，$D(x)$：x 是要死的，a：苏格拉底，则命题可表示为

$$\forall x(M(x) \rightarrow D(x)) \wedge M(a) \rightarrow D(a)$$

例 2.5 将下列命题符号化。

(1) 有的数不是有理数。

(2) 所有老虎都是吃人的。

(3) 并非每个人都聪明。

(4) 没有不会飞的鸟。

(5) 发光的不都是金子。

(6) 兔子都比乌龟跑得快。

(7) 尽管有些人是勤奋的，但是未必所有人都勤奋。

(8) 那个戴眼镜穿运动服的小伙子在读这本大而厚的书。

(9) 每个人的祖母都是他父亲的母亲。

(10) 不是所有的人都一样高。

(11) 所有的学生都钦佩某些老师。

(12) 有些学生不钦佩老师。

(13) 今天有雨雪，有些人会摔倒。

解 (1) 设 $A(x)$：x 是数，$B(x)$：x 是有理的，则命题可符号化为 $\exists x(A(x) \wedge \neg B(x))$ 或 $\neg \forall x(A(x) \rightarrow B(x))$。

(2) 设 $T(x)$：x 是老虎，$R(x)$：x 是吃人的，则命题可符号化为 $\forall x(T(x) \rightarrow R(x))$。

(3) 设 $M(x)$：x 是人，$S(x)$：x 聪明，则命题可符号化为 $\neg \forall x(M(x) \rightarrow S(x))$。

(4) 设 $B(x)$：x 是鸟，$F(x)$：x 会飞，则命题可符号化为 $\neg \exists x(B(x) \wedge \neg F(x))$。

(5) 设 $B(x)$：x 发光，$G(x)$：x 是金子，则命题可符号化为 $\exists x(B(x) \wedge \neg G(x))$。

(6) 设 $R(x)$：x 是兔子，$T(x)$：x 是乌龟，$F(x, y)$：x 比 y 跑得快，则命题可符号化为 $\forall x \forall y((R(x) \wedge T(y)) \rightarrow F(x, y))$。

(7) 设 $M(x)$：x 是人，$Q(x)$：x 是勤奋的，则命题可符号化为 $\exists x(M(x) \wedge Q(x)) \wedge \neg \forall x(M(x) \rightarrow Q(x))$。

(8) 设 $M(x)$：x 是戴眼镜穿运动服的小伙子，$B(x)$：x 是大而厚的书，$R(x, y)$：x 读 y，a：那个人，b：这本书，则命题可符号化为 $M(a) \wedge B(b) \wedge R(a, b)$。

(9) 设 $A(x)$：x 是人，$B(x, y)$：y 是 x 的祖母，$C(x, y)$：y 是 x 的父亲，$D(x, y)$：y 是 x 的母亲，则命题可符号化为 $\forall x \forall y(A(x) \wedge B(x, y) \rightarrow \exists z(D(z, y) \wedge C(x, z)))$。

(10) 设 $M(x)$：x 是人，$H(x, y)$：x 与 y 一样高，则命题可符号化为 $\neg \forall x \forall y(M(x) \wedge M(y) \rightarrow H(x, y))$。

(11) 设 $S(x)$：x 是学生，$T(x)$：x 是老师，$A(x, y)$：x 钦佩 y，则命题可符号化为 $\forall x(S(x) \rightarrow \exists y(T(y) \wedge A(x, y)))$。

(12) 设 $S(x)$：x 是学生，$T(x)$：x 是老师，$A(x, y)$：x 钦佩 y，则命题可符号化为

$\exists x(S(x) \land \forall y(T(y) \to \neg A(x, y)))$。

(13) 设 R：今天有雨，S：今天有雪，$M(x)$：x 是人，$D(x)$：x 会摔倒，则命题可符号化为 $R \land S \to \exists x(M(x) \land D(x))$。

2.3 变 元 的 约 束

定义 2.11 设谓词公式 $\forall xP(x)$ 和 $\exists xP(x)$，则量词 $\forall$ 和 $\exists$ 后面所跟的个体变量 x 称为相应量词的指导变元或作用变元，紧跟在量词后面的最小子公式 $P(x)$ 称为相应量词的作用域或辖域。在作用域中，指导变元 x 的一切出现，称为约束出现，x 称为约束变元。若 x 的出现不是约束出现，则称 x 为自由出现，x 称为自由变元。

自由变元是不受约束的变元，虽然它有时也在量词的作用域中出现，但它不受相应量词中指导变元的约束。

为了正确地理解谓词公式，必须准确地判断出量词的作用域以及哪些是自由变元，哪些是约束变元。一般地，判断量词的作用域要看其后是否跟有括号，若有括号，则括号内的子公式为相应量词的作用域，否则与量词邻接的子公式为其作用域。

例 2.6 指出下列公式的指导变元、作用域、约束变元和自由变元。

(1) $\forall xP(x) \to Q(x)$；

(2) $\forall x(P(x) \to Q(x)) \land R(x)$；

(3) $\forall x(P(x) \land \exists xQ(x, z) \to \exists yR(x, y)) \lor Q(x, y)$；

(4) $\forall x(P(x, y) \to \exists xR(x, y))$；

(5) $\forall x \forall y(P(x, y) \land Q(y, z)) \land \exists xR(x, y)$。

解 (1) $\forall x$ 中的 x 为指导变元。$\forall x$ 的作用域为 $P(x)$。$P(x)$ 中的 x 为 $\forall x$ 的约束变元。$Q(x)$ 中的 x 为 $\forall x$ 的自由变元。

(2) $\forall x$ 中的 x 为指导变元。$\forall x$ 的作用域为 $P(x) \to Q(x)$。$P(x)$ 和 $Q(x)$ 中的 x 为 $\forall x$ 的约束变元。$R(x)$ 中的 x 为 $\forall x$ 的自由变元。

(3) $\forall x$ 和 $\exists x$ 中的 x 及 $\exists y$ 中的 y 为指导变元。$\forall x$ 的作用域为 $P(x) \land \exists xQ(x, z) \to \exists yR(x, y)$，$\exists x$ 的作用域为 $Q(x, z)$，$\exists y$ 的作用域为 $R(x, y)$。$P(x)$、$R(x, y)$ 中的 x 为 $\forall x$ 的约束变元。$Q(x, z)$ 中的 x 为 $\exists x$ 的约束变元。$R(x, y)$ 中的 y 为 $\exists y$ 的约束变元。$Q(x, z)$ 中的 z 为自由变元。$Q(x, y)$ 中的 x 和 y 为自由变元。

(4) $\forall x$ 和 $\exists x$ 中的 x 为指导变元。$\forall x$ 的作用域为 $P(x, y) \to \exists xR(x, y)$。$\exists x$ 的作用域为 $R(x, y)$。$P(x, y)$ 中的 x 和 $R(x, y)$ 中的 x 为 $\forall x$ 的约束变元。$R(x, y)$ 中的 x 为 $\exists x$ 的约束变元。$P(x, y)$ 和 $R(x, y)$ 中的 y 为自由变元。

(5) $\forall x$ 和 $\exists x$ 中的 x 及 $\forall y$ 中的 y 为指导变元。$\forall x$ 和 $\forall y$ 的作用域为 $P(x, y) \land Q(y, z)$。$\exists x$ 的作用域为 $R(x, y)$。$P(x, y)$ 中的 x 为 $\forall x$ 的约束变元。$R(x, y)$ 中的 x 为 $\exists x$ 的约束变元。$P(x, y)$ 和 $Q(y, z)$ 中的 y 为 $\forall y$ 的约束变元。$Q(y, z)$ 中的 z 和 $R(x, y)$ 中的 y 为自由变元。

自由变元有时会在量词的辖域中出现，但它不受相应量词的指导变元约束，所以将自由变元看作谓词公式的变元，当谓词公式中没有自由变元时就是一个命题，若出现一个自由变元就是一元谓词，出现 n 个自由变元就是 n 元谓词。一般地，n 元谓词 $P(x_1, x_2, \cdots, x_n)$ 若有 k 个变元为约束变元，就为一个 $n-k$ 元谓词。例如，$\exists x \forall y P(x, y, z)$ 是一元谓词，$\forall z Q(x, y, z)$ 是二元谓词。

在谓词公式中，变元既可以是约束出现又可以是自由出现，因而该变元既是约束变元又是自由变元，这就会引起混淆，为了避免变元的约束与自由同时出现，可以对自由变元或约束变元进行改名，使得一个变元在一个公式中只呈现一种形式，即呈自由出现或约束出现。

在谓词公式中，约束变元所使用的名称符号是无关紧要的，即 $\forall x P(x) \Leftrightarrow \forall y P(y)$，$\exists x P(x) \Leftrightarrow \exists y P(y)$。例如，设 $P(x)$：x 是有理数，论域是实数集，则 $\forall x P(x)$ 和 $\forall y P(y)$ 都表示命题"所有的实数都是有理数"，$\exists x P(x)$ 和 $\exists y P(y)$ 都表示命题"有的实数是有理数"。

因此，可以对谓词公式中的约束变元更改名称符号来消除混淆。这种更改需要遵循一定的规则，这种规则称为约束变元的换名规则。

1. 换名规则

换名规则如下：

（1）对于约束变元可以换名，其更改的变元名称范围是量词中的指导变元，以及该量词作用域中所出现的该变元，公式的其余部分不变。

（2）换名时一定要更改为作用域中没有出现的变元名称。

例 2.7 对下列谓词公式中的约束变元进行换名。

（1）$\forall x P(x) \rightarrow Q(x)$；

（2）$\forall x \forall y(P(x, y) \wedge Q(y, z)) \wedge \exists x R(x, y)$；

（3）$\forall x(P(x, y) \rightarrow \exists x R(x, y))$；

（4）$\forall x(P(x) \wedge \exists x Q(x, z) \rightarrow \exists y R(x, y)) \vee Q(x, y)$；

（5）$\forall x \exists y(P(x, z) \rightarrow Q(y)) \leftrightarrow S(x, y)$。

解　（1）换名为 $\forall y P(y) \rightarrow Q(x)$。

（2）换名为 $\forall x \forall t(P(x, t) \wedge Q(t, z)) \wedge \exists s R(s, y)$。

（3）换名为 $\forall x(P(x, y) \rightarrow \exists z R(z, y))$。

（4）换名为 $\forall u(P(u) \wedge \exists v Q(v, z) \rightarrow \exists w R(u, w)) \vee Q(x, y)$。

（5）换名为 $\forall t \exists w(P(t, z) \rightarrow Q(w)) \leftrightarrow S(x, y)$。

在谓词公式中，自由变元虽然可以出现在量词的作用域中，但它不受相应量词中指导变元的约束，因而可把自由变元看作公式的参数。

2. 代入规则

对于公式中的自由变元，也允许更改，这种更改称为代入。自由变元的代入也需要遵守一定的规则，这个规则称为自由变元的代入规则。

代入规则如下：

（1）对于谓词公式中的自由变元可以作代入，代入时谓词公式中该自由变元出现的每一处都要同时代入。

(2) 用以代入的变元与原公式中所有变元的名称不能相同。

例 2.8　对下列谓词公式中的自由变元进行代入。

(1) $\exists x P(x) \land Q(x)$；

(2) $\forall x (P(x) \rightarrow Q(x, y)) \land R(x, y)$；

(3) $((\forall y) P(x, y) \land \exists z Q(x, z)) \lor \forall x R(x, y)$。

解　(1) 代入后得 $\exists x P(x) \land Q(y)$。

(2) 代入后得 $\forall x (P(x) \rightarrow Q(x, y)) \land R(z, y)$。

(3) 代入后得 $((\forall y) P(t, y) \land \exists z Q(t, z)) \lor \forall x R(x, w)$。

注意　谓词公式(2)中 y 也是自由变元，但是变元 y 只以一种身份出现，因此，可以不对 y 进行代入。

2.4　谓词演算的等价式与蕴含式

2.4.1　谓词公式的赋值

谓词公式是命题公式的扩展。在谓词公式中，个体变元的取值范围的不同对真值是有影响的。要确定其真值，需要确定个体域，还要对个体变元和谓词变元等赋以确定的值，要给函数符号指定具体的函数。

下面给出对谓词公式赋值的概念。

定义 2.12　设 G 是一个谓词公式，个体域为 E，G 的个体变元符号、命题变元符号、函数符号、谓词符号按下列规则进行的一组指派称为 G 的一个赋值或解释。

(1) 每一个个体变元符号指定 E 的一个元素。

(2) 每一个命题变元符号指定一个确定的命题。

(3) 每一 n 元函数符号指定一个函数。

(4) 每一 n 元谓词符号指定一个谓词。

例 2.9　设给出以下两个公式：

(1) $G = \forall y (P(y) \land Q(y, a))$；

(2) $H = \exists x (P(f(x)) \land Q(x, f(a)))$。

给出如下解释 I：

$$E = \{2, 3\}$$

$$\frac{a}{3}, \frac{f(2)}{3} \quad \frac{f(3)}{2}, \frac{P(2)}{1} \quad \frac{P(3)}{0}, \frac{Q(2,2)}{1} \quad \frac{Q(2,3)}{0} \quad \frac{Q(3,2)}{0} \quad \frac{Q(3,3)}{1}$$

试判断公式 G 和 H 的真值。

解　(1) $G = P(2) \land Q(2, 3) \land P(3) \land Q(3, 3) = 1 \land 0 \land 0 \land 1 = 0$。

(2) $H = (P(f(2)) \land Q(2, f(3))) \lor (P(f(3)) \land Q(3, f(3)))$

$\qquad = (P(3) \land Q(2, 2)) \lor (P(2) \land Q(3, 2)) = (0 \land 1) \lor (1 \land 0) = 0$

即(1)、(2)在解释 I 下的值均为 0。

例 2.10　设 $G = \forall x \exists y P(x, y)$，给出如下解释 I：

$$E = \{1, 2, 3\}$$

$P(1,1)$	$P(1,2)$	$P(1,3)$	$P(2,1)$	$P(2,2)$	$P(2,3)$	$P(3,1)$	$P(3,2)$	$P(3,3)$
1	0	0	1	1	1	1	0	1

求公式 G 的真值。

解

$$
\begin{aligned}
G &= (P(1,1) \vee P(1,2) \vee P(1,3)) \wedge (P(2,1) \vee P(2,2) \vee P(2,3)) \\
&\quad \wedge (P(3,1) \vee P(3,2) \vee P(3,3)) \\
&= (1 \vee 0 \vee 0) \wedge (1 \vee 1 \vee 1) \wedge (1 \vee 0 \vee 1) \\
&= 1
\end{aligned}
$$

即 G 在 I 下的值为 1。

例 2.11　设个体域 E 为 $\{0, 1, 2\}$，试消去下列公式中的量词。

(1) $\forall x A(x) \wedge \exists x B(x)$；

(2) $\forall x(\neg A(x)) \vee \forall x A(x)$；

(3) $\forall x(A(x) \leftrightarrow B(x))$。

解　(1) $(A(0) \wedge A(1) \wedge A(2)) \wedge (B(0) \vee B(1) \vee B(2))$

(2) $(\neg A(0) \wedge \neg A(1) \wedge \neg A(2)) \vee (A(0) \wedge A(1) \wedge A(2))$

(3) $(A(0) \leftrightarrow B(0)) \wedge (A(1) \leftrightarrow B(1)) \wedge (A(2) \leftrightarrow B(2))$

2.4.2　谓词公式的分类

谓词逻辑与命题逻辑一样，也可以分为永真式（重言式）、永假式（矛盾式）和可满足式。

定义 2.13　设 A 为谓词公式，其个体域为 E。如果对 A 的所有赋值，A 的真值都为真，则称谓词公式 A 在个体域 E 上为永真式（或重言式）；如果对 A 的所有赋值，A 的真值都为假，则称谓词公式 A 在个体域 E 上为永假式（或矛盾式）；如果对 A 的所有赋值，至少有一种赋值使得 A 的真值为真，则称谓词公式 A 在个体域 E 上为可满足式。

由定义可知，与命题公式一样，谓词公式的永真式也是可满足式。判断谓词公式的类型需要列出所有的赋值，然后看真值情况。但当个体域为无限时，不可能列出所有的赋值，而且谓词公式不能像命题公式一样列出真值表，所以，判断谓词公式的类型比判断命题公式的类型复杂得多。

目前还没有标准可行的方法判断谓词公式的类型，只能判断一些特殊的谓词公式的类型。

定义 2.14　设 A_0 是含有 n 个命题变元 $P_1, P_2, \cdots, P_n$ 的命题公式，$A_1, A_2, \cdots, A_n$ 是 n 个谓词公式，用 A_i 代换 P_i，所得公式 A 称为 A_0 的代换实例。

如 $F(x) \rightarrow G(y)$、$\forall x F(x) \rightarrow \exists x F(x)$ 都是 $P \rightarrow Q$ 的代换实例。

定理 2.1　命题公式中永真式（永假式）的代换实例在谓词公式中仍是永真式（永假式）。

例 2.12 判断下列公式的类型。

(1) $\forall xF(x) \rightarrow \exists xF(x)$;

(2) $R(x, y) \wedge \neg (F(x, y) \rightarrow R(x, y))$;

(3) $\forall x \exists yF(x, y) \rightarrow \exists x \forall yF(x, y)$.

解 (1) 设 I 为任意解释。如果 $\forall xF(x)$ 在 I 下为真，则对于任意一个个体 a 都有 $F(a)$ 为真，从而 $\exists xF(x)$ 为真，于是可得出 $\forall xF(x) \rightarrow \exists xF(x)$ 为真。如果 $\forall xF(x)$ 在 I 下为假，由条件联结词的真值表可得出 $\forall xF(x) \rightarrow \exists xF(x)$ 为真。因此 $\forall xF(x) \rightarrow \exists xF(x)$ 为永真式。

(2) 因为 $Q \wedge \neg(P \rightarrow Q) \Leftrightarrow Q \wedge \neg(\neg P \vee Q) \Leftrightarrow Q \wedge P \wedge \neg Q \Leftrightarrow 0$，并且 $R(x,y) \wedge \neg(F(x, y) \rightarrow R(x, y))$ 是 $Q \wedge (\neg P \rightarrow Q)$ 的代换实例，因此 $R(x, y) \wedge \neg(F(x, y) \rightarrow R(x, y))$ 为永假式。

(3) 设解释 I_1 为：个体域为自然数集 **N**；$F(x, y)$：$x \leqslant y$，则 $\forall x \exists yF(x, y)$ 为真，$\exists x \forall yF(x, y)$ 为真，因此 $\forall x \exists yF(x, y) \rightarrow \exists x \forall yF(x, y) \Leftrightarrow T$。

设解释 I_2 为：个体域为自然数集 **N**；$F(x, y)$：x 与 y 相等，则 $\forall x \exists yF(x, y)$ 为真，$\exists x \forall yF(x, y)$ 为假，由条件联结词的真值表可得出 $\forall x \exists yF(x,y) \rightarrow \exists x \forall yF(x,y) \Leftrightarrow F$。

综上可知，$\forall x \exists yF(x, y) \rightarrow \exists x \forall yF(x, y)$ 为可满足式。

2.4.3 谓词演算的等价式

定义 2.15 设 A 和 B 为两个任意的谓词公式，E 为 A 和 B 的个体域，如果对 A 和 B 的每一组变量进行赋值，所得命题的真值都相同，则称谓词公式 A 和 B 在个体域 E 上等价，记为 $A \Leftrightarrow B$。

由定义可知，$A \Leftrightarrow B$ 当且仅当 $A \leftrightarrow B$ 是重言式。命题逻辑中的等价式在谓词逻辑中依然等价。例如：

$$\exists x(P(x) \rightarrow Q(x)) \Leftrightarrow \exists x(\neg P(x) \vee Q(x))$$

$$\neg(\neg(\forall x)P(x)) \Leftrightarrow \forall xP(x)$$

$$(\forall xP(x)) \vee \neg(\forall xP(x)) \Leftrightarrow T$$

除了由命题逻辑等价式代换得来的等价式之外，下面再介绍一些常见的谓词逻辑特有的等价式。

1. 量词与"¬"之间的关系

(1) $\neg \forall xP(x) \Leftrightarrow \exists x \neg P(x)$;

(2) $\neg \exists xP(x) \Leftrightarrow \forall x \neg P(x)$.

证明 设个体域为 E。

(1) 若 $\neg \forall xP(x)$ 的真值为 1，则 $\forall xP(x)$ 的真值为 0，因此存在 $a \in E$，使得 $P(a)$ 的真值为 0，由此可得出 $\neg P(a)$ 的真值为 1，从而 $\exists x \neg P(x)$ 的真值为 1；若 $\neg \forall xP(x)$ 的真值为 0，则 $\forall xP(x)$ 的真值为 1，因此存在 $a \in E$，使得 $P(a)$ 的真值为 1，由此可得出 $\neg P(a)$ 的真值为 0，从而 $\exists x \neg P(x)$ 的真值为 0。因此，$\neg \forall xP(x) \Leftrightarrow \exists x \neg P(x)$。

(2) 证明方法与(1)类似，在此省略。

出现在量词前面的否定并不是对量词进行否定，而是否定量词后面的命题。例如：

$P(x)$：x 今天休息。个体域为某公司全体员工。则有：

$\neg \forall x P(x)$：不是全体员工今天都休息。$\exists x \neg P(x)$：有些员工今天不休息。

2. 量词作用域的扩张与收缩

量词作用域中，如果 $P(x)$ 是包含自由变元 x 的公式，Q 为命题，则可以将 Q 移到量词作用域外面。

(1) $\forall x(P(x) \vee Q) \Leftrightarrow \forall x P(x) \vee Q$；

(2) $\forall x(P(x) \wedge Q) \Leftrightarrow \forall x P(x) \wedge Q$；

(3) $\exists x(P(x) \wedge Q) \Leftrightarrow \exists x P(x) \wedge Q$；

(4) $\exists x(P(x) \vee Q) \Leftrightarrow \exists x P(x) \vee Q$；

(5) $(Q \to \forall x P(x)) \Leftrightarrow \forall x(Q \to P(x))$；

(6) $(Q \to \exists x P(x)) \Leftrightarrow \exists x(Q \to P(x))$；

(7) $(\exists x P(x) \to Q) \Leftrightarrow \forall x(P(x) \to Q)$；

(8) $(\forall x P(x) \to Q) \Leftrightarrow \exists x(P(x) \to Q)$。

证明　(1) 若 Q 的真值为 0，则 $\forall x(P(x) \vee Q) \Leftrightarrow \forall x P(x) \Leftrightarrow \forall x P(x) \vee Q$；若 Q 的真值为 1，则 $\forall x(P(x) \vee Q) \Leftrightarrow 1 \Leftrightarrow \forall x P(x) \vee Q$。因此，$\forall x(P(x) \vee Q) \Leftrightarrow \forall x P(x) \vee Q$。

(2) 若 Q 的真值为 0，则 $\forall x(P(x) \wedge Q) \Leftrightarrow 0 \Leftrightarrow \forall x P(x) \wedge Q$；若 Q 的真值为 1，则 $\forall x(P(x) \wedge Q) \Leftrightarrow \forall x P(x) \Leftrightarrow \forall x P(x) \wedge Q$。因此，$\forall x(P(x) \wedge Q) \Leftrightarrow \forall x P(x) \wedge Q$。

(3)、(4) 的证明与 (1)、(2) 类似。

(5) $(Q \to \forall x P(x)) \Leftrightarrow \neg Q \vee \forall x P(x)$
$$\Leftrightarrow \forall x P(x) \vee \neg Q$$
$$\Leftrightarrow \forall x(P(x) \vee \neg Q)$$
$$\Leftrightarrow \forall x(Q \to P(x))$$

(6) $(Q \to \exists x P(x)) \Leftrightarrow \neg Q \vee \exists x P(x)$
$$\Leftrightarrow \exists x P(x) \vee \neg Q$$
$$\Leftrightarrow \exists x(P(x) \vee \neg Q)$$
$$\Leftrightarrow \exists x(Q \to P(x))$$

(7) $(\exists x P(x) \to Q) \Leftrightarrow \neg \exists x P(x) \vee Q$
$$\Leftrightarrow \forall x \neg P(x) \vee Q$$
$$\Leftrightarrow \forall x(\neg P(x) \vee Q)$$
$$\Leftrightarrow \forall x(P(x) \to Q)$$

(8) $(\forall x P(x) \to Q) \Leftrightarrow \neg \forall x P(x) \vee Q$
$$\Leftrightarrow \exists x \neg P(x) \vee Q$$
$$\Leftrightarrow \exists x(\neg P(x) \vee Q)$$
$$\Leftrightarrow \exists x(P(x) \to Q)$$

量词作用域中，指导变元是 x，如果 $P(x)$ 是包含自由变元 x 的公式，Q 的变元与 x 不同，也满足上述公式。例如：

$$\forall x(P(x) \vee Q(y)) \Leftrightarrow \forall xP(x) \vee Q(y)$$

$$\forall x(\forall yP(x, y) \wedge Q(z)) \Leftrightarrow \forall x \forall yP(x, y) \wedge Q(z)$$

3. 量词与命题联结词之间的一些等价式

(1) $\forall xP(x) \wedge \forall xQ(x) \Leftrightarrow \forall x(P(x) \wedge Q(x))$；

(2) $\exists xP(x) \vee \exists xQ(x) \Leftrightarrow \exists x(P(x) \vee Q(x))$；

(3) $\forall xP(x) \vee \forall xQ(x) \Leftrightarrow \forall x \forall y(P(x) \vee Q(y))$；

(4) $\exists xP(x) \wedge \exists xQ(x) \Leftrightarrow \exists x \exists y(P(x) \wedge Q(y))$；

(5) $\exists x(P(x) \rightarrow Q(x)) \Leftrightarrow \forall xP(x) \rightarrow \exists xQ(x)$。

证明 (1) 设个体域为 E，I 是任意一个解释。如果 $\forall xP(x) \wedge \forall xQ(x)$ 在 I 下为真，则 $\forall xP(x)$ 和 $\forall xQ(x)$ 都为真，于是 $\forall a \in E$，$P(a) \wedge Q(a)$ 为真，所以 $\forall x(P(x) \wedge Q(x))$ 为真，即 $\forall xP(x) \wedge \forall xQ(x) \Rightarrow \forall x(P(x) \wedge Q(x))$。如果 $\forall x(P(x) \wedge Q(x))$ 在 I 下为真，则 $\forall a \in E$ 有 $P(a)$ 和 $Q(a)$ 都为真，从而得 $\forall xP(x)$ 和 $\forall xQ(x)$ 为真，于是 $\forall xP(x) \wedge \forall xQ(x)$ 为真，即 $\forall x(P(x) \wedge Q(x)) \Rightarrow \forall xP(x) \wedge \forall xQ(x)$。因此可得等价式(1)成立。

对于公式(1)可解释如下：$\forall x(P(x) \wedge Q(x))$ 表示动漫专业所有的人既会画画又会编程，而 $\forall xP(x) \wedge \forall xQ(x)$ 表示动漫专业所有的人会画画且所有的人会编程。这两个语句的意义显然相同。

(2)、(3)的证明方法与(1)类似。

(4) $\exists xP(x) \wedge \exists xQ(x) \Leftrightarrow \exists xP(x) \wedge \exists yQ(y) \Leftrightarrow \exists x \exists y(P(x) \wedge Q(y))$

(5) $\exists x(P(x) \rightarrow Q(x)) \Leftrightarrow \exists x(\neg P(x) \vee Q(x))$

$$\Leftrightarrow \exists x \neg P(x) \vee \exists xQ(x)$$

$$\Leftrightarrow \neg(\forall xP(x)) \vee \exists xQ(x)$$

$$\Leftrightarrow \forall xP(x) \rightarrow \exists xQ(x)$$

2.4.4 谓词演算的蕴含式

有些量词和联结词之间的组合情况不满足等价式而是满足蕴含式。如：

(1) $\forall xP(x) \vee \forall xQ(x) \Rightarrow \forall x(P(x) \vee Q(x))$；

(2) $\exists x(P(x) \wedge Q(x)) \Rightarrow \exists xP(x) \wedge \exists xQ(x)$；

(3) $\forall x(P(x) \rightarrow Q(x)) \Rightarrow \forall xP(x) \rightarrow \forall xQ(x)$；

(4) $\exists xP(x) \rightarrow \forall xQ(x) \Rightarrow \forall x(P(x) \rightarrow Q(x))$；

(5) $\forall x(P(x) \leftrightarrow Q(x)) \Rightarrow \forall xP(x) \leftrightarrow \forall xQ(x)$。

证明 设个体域为 E，I 是任意一个解释。

(1) 设在 I 下 $\forall xP(x) \vee \forall xQ(x)$ 的值为 1，则 $\forall xP(x)$ 为真命题或 $\forall xQ(x)$ 为真命题，于是对于任意的 $x \in E$，$P(x)$ 的值为 1 或 $Q(x)$ 的值为 1。所以，$P(x) \vee Q(x)$ 的值总为 1，即 I 满足 $\forall x(P(x) \vee Q(x))$。

(2) 设解释 I 满足 $\exists x(P(x) \wedge Q(x))$，于是存在 $a \in E$ 使得 $P(a) \wedge Q(a)$ 的值为 1，即 $P(a)$、$Q(a)$ 的值为 1。因此，$\exists xP(x)$ 与 $\exists xQ(x)$ 均为真命题，I 满足 $\exists xP(x) \wedge \exists xQ(x)$。

(3) 要证明 $\forall x(P(x) \rightarrow Q(x)) \Rightarrow \forall xP(x) \rightarrow \forall xQ(x)$，即证 $(\forall x(P(x) \rightarrow Q(x))) \rightarrow$ $(\forall xP(x) \rightarrow \forall xQ(x))$ 为永真式。利用分析法，假设后件为假，推出前件为假。

设 $\forall xP(x) \rightarrow \forall xQ(x)$ 为假命题，则 $\forall xP(x)$ 为真，$\forall xQ(x)$ 为假，从而必有 $a \in E$ 使得 $P(a)$ 为真，$Q(a)$ 为假，于是 $P(a) \rightarrow Q(a)$ 为假。所以 $\forall x(P(x) \rightarrow Q(x))$ 为假，即 $\forall x(P(x) \rightarrow Q(x)) \Rightarrow \forall xP(x) \rightarrow \forall xQ(x)$ 成立。

(4) $\exists xP(x) \rightarrow \forall xQ(x) \Leftrightarrow \neg(\exists x)P(x) \vee \forall xQ(x)$

$$\Leftrightarrow (\forall x)\neg P(x) \vee \forall xQ(x)$$
$$\Rightarrow \forall x(\neg P(x) \vee Q(x))$$
$$\Leftrightarrow \forall x(P(x) \rightarrow Q(x))$$

(5) $\forall x(P(x) \leftrightarrow Q(x)) \Leftrightarrow \forall x((P(x) \rightarrow Q(x)) \wedge (Q(x) \rightarrow P(x)))$

$$\Leftrightarrow \forall x(P(x) \rightarrow Q(x)) \wedge \forall x(Q(x) \rightarrow P(x))$$
$$\Rightarrow (\forall xP(x) \rightarrow \forall xQ(x)) \wedge (\forall xQ(x) \rightarrow \forall xP(x))$$
$$\Leftrightarrow \forall xP(x) \leftrightarrow \forall xQ(x)$$

当谓词公式有多个量词时，量词的顺序不能随意更换。如两个量词的排列组合有以下结论：

(1) $\forall x \forall yP(x, y) \Leftrightarrow \forall y \forall xP(x, y)$；

(2) $\forall x \forall yP(x, y) \Rightarrow \exists y \forall xP(x, y)$；

(3) $\forall y \forall xP(x, y) \Rightarrow \exists x \forall yP(x, y)$；

(4) $\exists y \forall xP(x, y) \Rightarrow \forall x \exists yP(x, y)$；

(5) $\exists x \forall yP(x, y) \Rightarrow \forall y \exists xP(x, y)$；

(6) $\forall x \exists yP(x, y) \Rightarrow \exists y \exists xP(x, y)$；

(7) $\forall y \exists xP(x, y) \Rightarrow \exists x \exists yP(x, y)$；

(8) $\exists x \exists yP(x, y) \Leftrightarrow \exists y \exists xP(x, y)$。

只有(1)式和(8)式中的量词顺序能随意更换，其他的不能。举例如下：$P(x, y)$：x 做了练习题 y，x 的个体域是学生集合，y 的个体域是练习题的集合，则 $\forall x \forall yP(x, y)$ 表示所有的学生做了全部的练习题，$\forall y \forall xP(x, y)$ 表示所有的练习题全部的学生都做了，显然二者意思一致，所以 $\forall x \forall yP(x, y) \Leftrightarrow \forall y \forall xP(x, y)$；又 $\exists x \exists yP(x, y)$ 表示一些学生做了一些练习题，$\exists y \exists xP(x, y)$ 表示一些练习题一些学生做了，显然这两句的意思也是一致的，所以 $\exists x \exists yP(x, y) \Leftrightarrow \exists y \exists xP(x, y)$；对于(4)式，$\exists y \forall xP(x, y)$ 表示存在练习题被所有学生做了，$\forall x \exists yP(x, y)$ 表示所有人都做过一些练习题，显然二者的含义不一样，所以不能随意更换。

2.5　谓词公式范式

同命题公式一样，在谓词公式中也有范式的概念。谓词公式的范式不止一种，本节介绍谓词公式的前束范式。

2.5.1 前束范式

定义 2.16 一个公式，如果量词均在全式的开头，它们的作用域延伸到整个公式的末端，则该公式称为前束范式。前束范式可记为下述形式：$(Q_1 x_1)(Q_2 x_2) \cdots (Q_k x_k) A$，其中 Q_i 为 $\forall$ 或 $\exists$，x_i 为个体变元，A 是没有量词的谓词公式。

例如，$\forall x \exists y (P(x, y) \rightarrow Q(y))$、$\exists x \forall y \exists z ((P(x) \vee \neg Q(x, y)) \leftrightarrow R(x, z))$ 是前束范式，而 $\forall x P(x) \rightarrow \exists y Q(y)$、$\forall x \forall y (P(x) \rightarrow Q(y)) \vee \exists z R(y, z)$ 不是前束范式。

利用换名规则、代入规则、量词的否定公式及量词辖域的扩张与收缩公式等，可以将任一谓词公式化成前束范式。

求一个谓词公式的前束范式的过程如下：

(1) 利用公式消去联结词 $\rightarrow$ 和 $\leftrightarrow$，得到只含联结词 $\neg$、$\wedge$、$\vee$ 的命题公式。

(2) 利用公式消去公式中 $\neg\neg$ 的形式。

(3) 否定深入，即利用量词转化公式，把否定联结词深入到命题变元和谓词公式的前面。

(4) 运用换名规则和代入规则，将公式中所有变元均用不同的符号。

(5) 量词前移，即利用量词辖域的扩张把量词移到前面。

例 2.13 求下列公式的前束范式。

(1) $\forall x P(x) \rightarrow \exists x Q(x)$；

(2) $\forall x (\forall y P(x) \vee \forall z Q(z, y) \rightarrow \neg (\forall y R(x, y)))$；

(3) $\forall x \forall y (\exists z (P(x, z) \wedge P(y, z)) \vee \exists u Q(x, y, u))$。

解 (1) $\forall x P(x) \rightarrow \exists x Q(x)$

$\quad \Leftrightarrow \neg \forall x P(x) \vee \exists x Q(x)$ 　　　　　　　　（消去联结词 $\rightarrow$）

$\quad \Leftrightarrow \exists x \neg P(x) \vee \exists x Q(x)$ 　　　　　　　　（否定深入）

$\quad \Leftrightarrow \exists x (\neg P(x) \vee Q(x))$

(1)式还可写成

$\quad \forall x P(x) \rightarrow \exists x Q(x)$

$\quad \Leftrightarrow \neg \forall x P(x) \vee \exists x Q(x)$ 　　　　　　　　（消去联结词 $\rightarrow$）

$\quad \Leftrightarrow \exists x \neg P(x) \vee \exists x Q(x)$ 　　　　　　　　（否定深入）

$\quad \Leftrightarrow \exists x \neg P(x) \vee \exists y Q(y)$ 　　　　　　　　（换名规则）

$\quad \Leftrightarrow \exists x \exists y (\neg P(x) \vee Q(y))$ 　　　　　　　　（量词前移）

(2) $\quad \forall x (\forall y P(x) \vee \forall z Q(z, y) \rightarrow \neg (\forall y R(x, y)))$

$\quad \Leftrightarrow \forall x (P(x) \vee \forall z Q(z, y) \rightarrow \neg (\forall y R(x, y)))$ 　　（去掉多余的量词 $\forall y$）

$\quad \Leftrightarrow \forall x (\neg (P(x) \vee \forall z Q(z, y)) \vee \neg (\forall y R(x, y)))$ 　　（消去联结词 $\rightarrow$）

$\quad \Leftrightarrow \forall x ((\neg P(x) \wedge \exists z \neg Q(z, y)) \vee \exists y \neg R(x, y))$ 　　（否定深入）

$\quad \Leftrightarrow \forall x ((\neg P(x) \wedge \exists z \neg Q(z, y)) \vee \exists u \neg R(x, u))$ 　　（换名规则）

$\quad \Leftrightarrow \forall x \exists z \exists u ((\neg P(x) \wedge \neg Q(z, y)) \vee \neg R(x, u))$ 　　（量词前移）

(3) $\quad \forall x \forall y (\exists z (P(x, z) \wedge P(y, z)) \vee \exists u Q(x, y, u))$

$\quad \Leftrightarrow \forall s \forall t (\exists z (P(s, z) \wedge P(t, z)) \vee \exists u Q(x, y, u))$ 　　（换名规则）

$\quad \Leftrightarrow \forall s \forall t \exists z \exists u ((P(s, z) \wedge P(t, z)) \vee Q(x, y, u))$ 　　（量词前移）

由(1)式可知,谓词公式的前束范式不唯一。另外,需要注意的是,一个前束范式的各个指导变元应该是各不相同的。

2.5.2 前束析取范式和前束合取范式

定义 2.17 对于前束范式 $(Q_1x_1)(Q_2x_2)\cdots(Q_kx_k)A$,如果 A 具有如下形式:

$$\left[(A_{11}\vee A_{12}\vee\cdots\vee A_{1k_1})\wedge(A_{21}\vee A_{22}\vee\cdots\vee A_{2k_2})\wedge\cdots\wedge(A_{m1}\vee A_{m2}\vee\cdots\vee A_{mk_m})\right]$$

其中 $A_{ij}(i=1,2,\cdots,m;j=1,2,\cdots,k_i)$ 是原子谓词公式或其否定,$m\geqslant1$,则称 A 为前束合取范式。

定义 2.18 对于前束范式 $(Q_1x_1)(Q_2x_2)\cdots(Q_kx_k)A$,如果 A 具有如下形式:

$$\left[(A_{11}\wedge A_{12}\wedge\cdots\wedge A_{1k_1})\vee(A_{21}\wedge A_{22}\wedge\cdots\wedge A_{2k_2})\vee\cdots\vee(A_{m1}\wedge A_{m2}\wedge\cdots\wedge A_{mk_m})\right]$$

其中 $A_{ij}(i=1,2,\cdots,m;j=1,2,\cdots,k_i)$ 是原子谓词公式或其否定,$m\geqslant1$,则称 A 为前束析取范式。

定理 2.2 任何谓词公式都可以转化为与之等价的前束析取范式和前束合取范式。

例 2.14 求下列公式的前束析取范式和前束合取范式。

(1) $\forall x(\forall yP(x)\vee\forall zQ(z,y)\rightarrow\neg(\forall yR(x,y)))$;

(2) $(\forall xF(x,y)\rightarrow\exists yG(y))\rightarrow\forall xH(x,y)$。

解 (1) 由例 2.13 中的(2)得

$$\forall x(\forall yP(x)\vee\forall zQ(z,y)\rightarrow\neg(\forall yR(x,y)))$$

$\Leftrightarrow\forall x\exists z\exists u((\neg P(x)\wedge\neg Q(z,y))\vee\neg R(x,u))$ 　　　　(前束析取范式)

$\Leftrightarrow\forall x\exists z\exists u((\neg P(x)\vee\neg R(x,u))\wedge(\neg Q(z,y)\wedge\neg R(x,u)))$ 　(前束合取范式)

(2) 　$(\forall xF(x,y)\rightarrow\exists yG(y))\rightarrow\forall xH(x,y)$

$\Leftrightarrow\neg(\neg\forall xF(x,y)\vee\exists yG(y))\vee\forall xH(x,y)$ 　　　　(消去联结词→)

$\Leftrightarrow(\forall xF(x,y)\wedge\forall y\neg G(y))\vee\forall xH(x,y)$ 　　　　(否定深入)

$\Leftrightarrow(\forall xF(x,z)\wedge\forall y\neg G(y))\vee\forall xH(x,z)$ 　　　　(代入规则)

$\Leftrightarrow(\forall xF(x,z)\wedge\forall y\neg G(y))\vee\forall tH(t,z)$ 　　　　(换名规则)

$\Leftrightarrow\forall x\forall y(F(x,z)\wedge\neg G(y))\vee\forall tH(t,z)$ 　　　　(辖域扩张)

$\Leftrightarrow\forall x\forall y((F(x,z)\wedge\neg G(y))\vee\forall tH(t,z))$ 　　　　(辖域扩张)

$\Leftrightarrow\forall x\forall y\forall t((F(x,z)\wedge\neg G(y))\vee H(t,z))$ 　　　　(前束析取范式)

$\Leftrightarrow\forall x\forall y\forall t((F(x,z)\vee H(t,z))\wedge(\neg G(y)\vee H(t,z)))$ 　　(前束合取范式)

2.6 谓词演算的推理理论

谓词逻辑中很多等价式和蕴含式都是命题逻辑中有关公式的推广。因此,谓词演算推理可以直接使用命题演算中的推理规则,如 P 规则、T 规则、CP 规则等。但是在谓词演算推理中,有些前提和结论可能受量词的限制,因此谓词演算推理仍需要增加和消除量词的规则,以便把谓词演算推理转变为命题演算推理。

定义 2.19 在谓词公式中，若个体变量 x 不自由出现在量词 $\forall y$ 或 $\exists y$ 的辖域之内，则称 x 对 y 是自由的。

如：$\forall yP(y) \wedge Q(x, y)$ 中，x 对 y 是自由的；$\exists yP(x, y) \vee Q(x, z)$ 中，x 对 y 不是自由的。

1. US(Universal Specification)规则(全称指定规则)

US 规则表示为

$$\forall xP(x) \Rightarrow P(c) \quad 或 \quad \forall xP(x) \Rightarrow P(y)$$

US 规则是说，如果个体域中的所有元素都具有性质 P，则个体域中任一确定的元素也都具有性质 P。

US 规则成立的条件：

(1) x 为个体变量；

(2) c 是个体域中任意个体常量；

(3) y 为个体变量，且 x 对 y 是自由的。

例如，在实数集上，$F(x, y)$：$x > y$，$\forall x \exists yF(x, y) \Rightarrow \exists yF(y, y)$ 不成立。因为 $\forall x \exists yF(x, y)$ 的真值为 1，$\exists yF(y, y)$ 的真值为 0。这里使用 US 规则，不成立的是 x 对 y 不是自由的。

2. UG(Universal Generalization)规则(全称推广规则)

UG 规则表示为

$$P(x) \Rightarrow \forall yP(y)$$

UG 规则是说，如果能够证明对个体域中每一个个体都具有性质 P，则个体域中的全体个体都具有性质 P。在应用本规则时，必须能够证明 $P(x)$ 对个体域中每个 x 都为真。

UG 规则成立的条件：

(1) x 为个体变量；

(2) y 为个体变量，且 x 对 y 是自由的。

例如，在实数集上，$F(x, y)$：$x > y$，显然 $\exists yF(x, y) \Rightarrow \forall y \exists yF(y, y)$ 不成立，因为 x 对 y 不是自由的。

3. ES(Existential Specification)规则(存在指定规则)

ES 规则表示为

$$\exists xP(x) \Rightarrow P(c)$$

ES 规则是说，如果个体域中存在具有性质 P 的个体，则个体域中必有某一元素 c 具有性质 P。

ES 规则成立的条件：

(1) c 是个体域中使 P 成立的特定的个体常量；

(2) c 不曾在 $P(x)$ 中出现过；

(3) $P(x)$ 中除 x 外还有其他自由变元出现，不能使用此规则。

例如，在实数集上，$F(x, 9)$：$x > 9$，显然 $\exists xF(x, 9) \Rightarrow F(9, 9)$ 不成立，因为不满足条件(2)。

又如，在实数集上，$F(x,y)$：$x+y=9$，显然 $\exists x(x+y=9) \Rightarrow c+y=9$（$c$ 为某个体常量）不成立，因为不满足条件(3)。

4. EG（Existential Generalization）规则（存在推广规则）

EG 规则表示为

$$P(c) \Rightarrow \exists y P(y)$$

EG 规则是说，如果个体域中有某个个体具有性质 P，则可以说个体域中存在具有性质 P 的个体。即若 $P(c)$ 为真，则 $\exists y P(y)$ 为真。

EG 规则成立的条件：

(1) c 为个体常量；

(2) y 为个体变量，且 y 不曾在 $P(c)$ 中出现过。

例如，在实数集上，$F(x,y)$：$x \neq y$，显然 $\exists x F(x,9) \Rightarrow \exists x \exists x F(x,x)$ 不成立，而 $\exists x F(x,9) \Rightarrow \exists y \exists x F(x,y)$ 成立，因为变量 y 没有在 $\exists x F(x,9)$ 中出现过。

使用上述四个规则时需要注意以下几点：

(1) 上述四个规则只适用于前束范式。

(2) 要弄清消去量词后，个体 c 是特定的还是任意的。

(3) 如果既有全称量词的前提又有存在量词的前提，必须先指定存在量词的前提，后指定全称量词的前提。

谓词演算中推理的一般过程如下：

(1) 利用 US 或 ES 规则，把前提条件中的量词消掉，将其变为命题逻辑的推理。

(2) 推出结果后，再利用 UG 或 EG 规则把量词添加上去，得出谓词逻辑的结论。

例 2.15 判断下列推理过程是否正确。

(1) $\forall x \exists y P(x,y)$ P

(2) $\exists y P(z,y)$ US，(1)

(3) $P(z,a)$ ES，(2)

(4) $\forall x P(x,a)$ UG，(3)

解 上述推理过程不正确。第(3)步不正确。因为 $P(z,y)$ 中有自由变元 z，不能使用 ES 规则。

例 2.16 判断下列推理过程是否正确。

(1) $\exists x P(x) \wedge \exists x Q(x)$ P

(2) $\exists x P(x)$ T，(1)，I_1

(3) $\exists x Q(x)$ T，(1)，I_2

(4) $P(a)$ ES，(2)

(5) $Q(a)$ ES，(3)

(6) $P(a) \wedge Q(a)$ T，(4)，(5)，I_9

(7) $\exists x(P(x) \wedge Q(x))$ EG，(6)

解 上述推理过程不正确。第(5)步不正确。因为在第(4)步引入了个体常量 a，在使用 ES 规则时，第(5)步应引入个体常量 b，一般情况下 $b \neq a$。正确的推理过程如下：

$$
\begin{array}{lll}
(1) & \exists x P(x) \wedge \exists x Q(x) & P \\
(2) & \exists x P(x) & T,(1), I_1 \\
(3) & \exists x Q(x) & T,(1), I_2 \\
(4) & P(a) & ES,(2) \\
(5) & Q(b) & ES,(3) \\
(6) & P(a) \wedge Q(b) & T,(4),(5), I_9 \\
(7) & \exists x \exists y (P(x) \wedge Q(y)) & EG,(6)
\end{array}
$$

例 2.17　判断下列推理过程是否正确，如有错误，找出原因并改正。

$$
\begin{array}{lll}
(1) & \forall x \neg (P(x) \wedge Q(a)) & P \\
(2) & \neg (P(b) \wedge Q(a)) & US,(1) \\
(3) & \exists x P(x) & P \\
(4) & P(b) & ES,(3) \\
(5) & \neg P(b) \vee \neg Q(a) & T,(2), E_8 \\
(6) & \neg Q(a) & T,(4),(5), I_{10}
\end{array}
$$

解　上述推理过程不正确。若要同时使用 US 规则和 ES 规则，应先使用 ES 规则。正确的推理过程如下：

$$
\begin{array}{lll}
(1) & \exists x P(x) & P \\
(2) & P(b) & ES,(1) \\
(3) & \forall x \neg (P(x) \wedge Q(a)) & P \\
(4) & \neg (P(b) \wedge Q(a)) & US,(3) \\
(5) & \neg P(b) \vee \neg Q(a) & T,(4), E_8 \\
(6) & \neg Q(a) & T,(2),(5), I_{10}
\end{array}
$$

例 2.18　证明下面的蕴含式成立。

$(\exists x(P(x) \wedge Q(x)) \rightarrow \forall y(C(y) \rightarrow W(y))) \wedge \exists y(C(y) \wedge \neg W(y)) \Rightarrow \forall x(P(x) \rightarrow \neg Q(x))$

证明

$$
\begin{array}{lll}
(1) & \exists y(C(y) \wedge \neg W(y)) & P \\
(2) & \neg \forall y \neg (C(y) \wedge \neg W(y)) & T,(1), E(\text{量词与“}\neg\text{”之间的关系}) \\
(3) & \neg \forall y (\neg C(y) \vee W(y)) & T,(2), E_8 \\
(4) & \neg \forall y (C(y) \rightarrow W(y)) & T,(3), E_{16} \\
(5) & \exists x(P(x) \wedge Q(x)) \rightarrow \forall y(C(y) \rightarrow W(y)) & P \\
(6) & \neg \exists x(P(x) \wedge Q(x)) & T,(4),(5), I_{12} \\
(7) & \forall x \neg (P(x) \wedge Q(x)) & T,(6), E(\text{量词与“}\neg\text{”之间的关系}) \\
(8) & \forall x(\neg P(x) \vee \neg Q(x)) & T,(7), E_8 \\
(9) & \forall x(P(x) \rightarrow \neg Q(x)) & T,(8), E_{16}
\end{array}
$$

例 2.19　用 CP 规则证明 $\forall x(P(x) \vee Q(x)) \Rightarrow \neg \forall x P(x) \rightarrow \exists x Q(x)$。

证明

$$
\begin{array}{lll}
(1) & \neg \forall x P(x) & P(\text{附加前提}) \\
(2) & \exists x \neg P(x) & T,(1), E(\text{量词与“}\neg\text{”之间的关系}) \\
(3) & \neg P(c) & ES,(2)
\end{array}
$$

(4) $\forall x(P(x) \lor Q(x))$	P
(5) $P(c) \lor Q(c)$	US，(4)
(6) $Q(c)$	T，(3)，(5)，I_{10}
(7) $\exists x Q(x)$	EG，(6)

例 2.20　用归谬法证明 $\exists x P(x) \to \forall x Q(x) \Rightarrow \neg \exists x \neg (P(x) \to Q(x))$。

证明

(1) $\exists x \neg (P(x) \to Q(x))$	P(附加前提)
(2) $\neg (P(c) \to Q(c))$	ES，(1)
(3) $\neg (\neg P(c) \lor Q(c))$	T，(2)，E_{16}
(4) $P(c) \land \neg Q(c)$	T，(3)，E_9
(5) $P(c)$	T，(4)，I_1
(6) $\neg Q(c)$	T，(4)，I_2
(7) $\exists x P(x)$	EG，(5)
(8) $\exists x P(x) \to \forall x Q(x)$	P
(9) $\forall x Q(x)$	T，(7)，(8)，I_{11}
(10) $Q(c)$	US，(9)
(11) $\neg Q(c) \land Q(c)$ (矛盾式)	T，(6)，(10)，I_9

例 2.21　符号化下列命题并证明。

(1) 所有的人都是要死的。苏格拉底是人。所以苏格拉底是要死的。

(2) 只要今天天气不好，就一定有运动员不能提前入场。当且仅当所有运动员提前入场，比赛才能准时进行。所以如果比赛准时进行，那么天气就好。

(3) 每一松树都是针叶树。每一冬季落叶的树都非针叶树。所以每一冬季落叶的树都非松树。

(4) 同事之间总是有工作矛盾的。张平和李明没有工作矛盾。所以张平和李明不是同事关系。

(5) 有些学生相信所有的教师。任何一个学生都不相信骗子。所以教师都不是骗子。

证明　(1) 设 $M(x)$：x 是人，$D(x)$：x 是要死的，a：苏格拉底，则命题可符号化为

$$\forall x(M(x) \to D(x)) \land M(a) \to D(a)$$

① $\forall x(M(x) \to D(x))$	P
② $M(a) \to D(a)$	US，①
③ $M(a)$	P
④ $D(a)$	T，②，③，I_{11}

(2) 设 P：今天天气好，Q：比赛准时进行，$A(x)$：x 提前进入考场，个体域：运动员的集合，则命题可符号化为

$$\neg P \to \exists x \neg A(x)，\quad \forall x A(x) \leftrightarrow Q \Rightarrow Q \to P$$

① $\neg P \to \exists x \neg A(x)$	P
② $\neg P \to \neg \forall x A(x)$	T，①，E(量词与"$\neg$"之间的关系)
③ $\forall x A(x) \to P$	T，②，E_{18}

④ $\forall xA(x) \leftrightarrow Q$	P
⑤ $(\forall xA(x) \rightarrow Q) \wedge (Q \rightarrow \forall xA(x))$	T，④，E_{20}
⑥ $Q \rightarrow \forall xA(x)$	T，⑤，I_2
⑦ $Q \rightarrow P$	T，⑥，③，I_{13}

（3）设 $P(x)$：x 是松树，$Q(x)$：x 是针叶树，$R(x)$：x 是冬季落叶的树，则命题可符号化为

$$\forall x(P(x) \rightarrow Q(x)), \ \forall x(R(x) \rightarrow \neg Q(x)) \Rightarrow \forall x(R(x) \rightarrow \neg P(x))$$

① $\forall x(P(x) \rightarrow Q(x))$	P
② $P(a) \rightarrow Q(a)$	US，①
③ $\neg Q(a) \rightarrow \neg P(a)$	T，②，E_{18}
④ $\forall x(R(x) \rightarrow \neg Q(x))$	P
⑤ $R(a) \rightarrow \neg Q(a)$	US，④
⑥ $R(a) \rightarrow \neg P(a)$	T，③，⑤，I_{13}
⑦ $\forall x(R(x) \rightarrow \neg P(x))$	UG，⑥

（4）设 $P(x, y)$：x 和 y 是同事关系，$Q(x, y)$：x 和 y 有工作矛盾，a：张平，b：李明，则命题可符号化为

$$\forall x \forall y(P(x, y) \rightarrow Q(x, y)), \ \neg Q(a, b) \Rightarrow \neg P(a, b)$$

① $\forall x \forall y(P(x, y) \rightarrow Q(x, y))$	P
② $\forall y(P(a, y) \rightarrow Q(a, y))$	US，①
③ $P(a, b) \rightarrow Q(a, b)$	US，②
④ $\neg Q(a, b)$	P
⑤ $\neg P(a, b)$	T，③，④，I_{12}

（5）设 $P(x)$：x 是学生，$D(x)$：x 是教师，$Q(x)$：x 是骗子，$L(x, y)$：x 相信 y，则命题可符号化为

$$\exists x(P(x) \wedge \forall y(D(y) \rightarrow L(x, y))),$$
$$\forall x \forall y(P(x) \wedge Q(y) \rightarrow \neg L(x, y)) \Rightarrow \forall x(D(x) \rightarrow \neg Q(x))$$

① $\exists x(P(x) \wedge \forall y(D(y) \rightarrow L(x, y)))$	P
② $P(a) \wedge \forall y(D(y) \rightarrow L(a, y))$	ES，①
③ $\forall y(D(y) \rightarrow L(a, y))$	T，②，I_2
④ $D(b) \rightarrow L(a, b)$	US，③
⑤ $\forall x \forall y(P(x) \wedge Q(y) \rightarrow \neg L(x, y))$	P
⑥ $\forall y(P(a) \wedge Q(y) \rightarrow \neg L(a, y))$	US，⑤
⑦ $P(a) \wedge Q(b) \rightarrow \neg L(a, b)$	US，⑥
⑧ $P(a) \rightarrow (Q(b) \rightarrow \neg L(a, b))$	T，⑦，E_{19}
⑨ $P(a)$	T，②，I_1
⑩ $Q(b) \rightarrow \neg L(a, b)$	T，⑧，⑨，I_{11}

⑪ $L(a, b) \rightarrow \neg Q(b)$ T，⑩，E_{18}

⑫ $D(b) \rightarrow \neg Q(b)$ T，④，⑪，I_{13}

⑬ $\forall x(D(x) \rightarrow \neg Q(x))$ UG，⑫

本 章 小 结

本章主要介绍了谓词逻辑中个体、谓词、量词、谓词公式、约束变元、自由变元、作用域、前束范式等基本概念，并深入讲解了谓词公式的翻译、代入规则、变换规则、谓词演算，重点介绍了谓词演算等价式和蕴含式的证明方法、前束范式的求取以及谓词演算的推理规则。

在谓词逻辑中，除了研究命题联结词的逻辑性质和规律以及复合命题外，还对命题进行了量化，即把命题拆分成个体、谓词和量词进行研究。只包含个体谓词和个体量词的谓词逻辑称为一阶逻辑。本章讲解的即为一阶逻辑。谓词逻辑关于形式语言的研究，不仅为计算机语言提供了理论基础，还为计算机科学的工程实践提供了基本的逻辑背景框架，如在机器证明和人工智能等领域都有非常广泛的应用。

习 题 2

1. 命题"$2+3=5$"的个体为(   )。

  　A. 2   B. 3   C. 2，3   D. 2，3，5

2. 令 $F(x)$：x 是金属，$G(y)$：y 是液体，$H(x, y)$：x 可以溶解在 y 中，则命题"任何金属可以溶解在某种液体中"可符号化为(   )。

  　A. $\forall x(F(x) \wedge \exists y(G(y) \wedge H(x, y)))$　B. $\forall x(\exists x F(x) \rightarrow (G(y) \rightarrow H(x, y)))$

  　C. $\forall x(F(x) \rightarrow \exists y(G(y) \wedge H(x, y)))$　D. $\forall x(F(x) \rightarrow \exists y(G(y) \rightarrow H(x, y)))$

3. 取个体域为整数集，则下列公式中真命题为(   )。

  　A. $\forall x \exists y(x \cdot y = 0)$ B. $\forall x \exists y(x \cdot y = 1)$

  　C. $x - y = -y + x$ D. $\forall x(x \cdot y = x)$

4. 谓词公式 $\forall x(P(x) \vee \exists y R(x, y)) \rightarrow Q(x)$ 中量词($\forall x$)的辖域是(   )。

  　A. $\forall x(P(x) \vee \exists y R(x, y))$ B. $P(x)$

  　C. $Q(x)$ D. $(P(x) \vee \exists y R(x, y))$

5. $\exists x F(y, x) \rightarrow \forall y G(y)$，它的前束范式为(   )。

  　A. $\exists x \forall y(F(y, x) \rightarrow G(y))$ B. $\exists x \forall y(F(z, x) \rightarrow G(y))$

  　C. $\forall x \forall y(\neg F(z, x) \vee G(y))$ D. $\forall x \exists y(\neg F(z, x) \vee G(y))$

6. $\forall x P(x, y) \rightarrow \exists y Q(x, y)$ 中变元 x(   )。

  　A. 是自由变元但不是约束变元   B. 是约束变元但不是自由变元

  　C. 既是自由变元又是约束变元   D. 既不是自由变元又不是约束变元

7. 下列公式中，不是前束范式的是(　　)。

    A. $\forall x \exists y(Q(x) \wedge R(y))$

    B. $\forall x \forall y \exists z(Q(x, z) \rightarrow R(x, y, z))$

    C. $Q(x, z) \rightarrow \exists x \forall y R(x, y, z)$

    D. $\forall x \exists y Q(x, y)$

8. 下列等价式不成立的是(　　)。

    A. $\forall x(F(x) \wedge G(x)) \Leftrightarrow \forall x F(x) \wedge \forall x G(x)$

    B. $\exists x(F(x) \wedge G(x)) \Leftrightarrow \exists x F(x) \wedge \exists x G(x)$

    C. $\forall x(F(x) \wedge G) \Leftrightarrow \forall x F(x) \wedge G$

    D. $\exists x(F(x) \wedge G) \Leftrightarrow \exists x F(x) \wedge G$

9. 与 $\neg \forall x \exists y P(x, y)$ 等价的谓词公式是(　　)。

    A. $\exists x \neg \forall y P(x, y)$　　　　　　　　B. $\forall x \neg \exists y P(x, y)$

    C. $\exists x \exists y \neg P(x, y)$　　　　　　　　D. $\exists x \forall y \neg P(x, y)$

10. 谓词演算中，$P(a)$ 是 $\forall x P(x)$ 的有效结论，其理论依据是(　　)。

    A. 全称指定规则(US)　　　　　　　B. 全称推广规则(UG)

    C. 存在指定规则(ES)　　　　　　　D. 存在推广规则(EG)

11. 设个体域 $A = \{a, b, c\}$，消去公式中的量词，则 $\forall x P(x) \wedge \exists x Q(x) \Leftrightarrow$ _____。

12. 翻译下列命题。

(1) 是金子都闪光，但闪光的未必是金子。

(2) 对于所有的实数，都有 $x^2 + y^2 \geqslant 2xy$。

(3) 并非所有的计算工作都由计算机来完成。

(4) 所有的人都要参加体育锻炼。

(5) 所有的马都比某些牛跑得快。

13. 判断下列谓词公式的类型。

(1) $\forall x F(x) \rightarrow (\exists x \exists y G(x, y) \rightarrow \forall x F(x))$；

(2) $\neg(\forall x F(x) \rightarrow \exists y G(y)) \wedge \exists y G(y)$；

(3) $\exists x(F(x) \wedge G(x)) \rightarrow \forall x G(x)$。

14. 证明下列等价式和蕴含式是否成立。

(1) $\neg \exists x(P(x) \wedge Q(x)) \Leftrightarrow \forall x(P(x) \rightarrow \neg Q(x))$；

(2) $\neg \forall x(P(x) \rightarrow Q(x)) \Leftrightarrow \exists x(P(x) \wedge \neg Q(x))$；

(3) $\neg \forall x \forall y((P(x) \wedge Q(y)) \rightarrow R(x, y)) \Leftrightarrow \exists x \exists y(P(x) \wedge Q(y) \wedge \neg R(x, y))$；

(4) $\exists x \exists y(P(x) \wedge Q(x)) \Rightarrow \exists x P(x)$；

(5) $\forall x(P(x) \vee Q(x)) \Rightarrow \forall x P(x) \vee \exists x Q(x)$。

15. 求下列谓词公式的前束范式。

(1) $\neg \exists x P(x) \rightarrow \forall y Q(x, y)$；

(2) $\exists x P(x) \rightarrow \forall x Q(x)$；

(3) $\forall x(P(x, y) \rightarrow Q(z)) \vee \exists x(R(z) \rightarrow \forall y S(x, y, z))$。

16. 符号化下列命题，并推证其结论。

(1) 任何人如果他喜欢步行，他就不喜欢乘汽车。每个人或者喜欢乘汽车或者喜欢骑自行车。有的人不爱骑自行车，因而有的人不爱步行。

(2) 所有的舞蹈者都很有风度。王华是个学生且是个舞蹈者。因此有些学生很有风度。

(3) 任何人如果违反交通规则，就要被处罚。总有些人违反了交通规则。因此有些人被处罚。

(4) 所有有理数是实数。某些有理数是整数。因此某些实数是整数。

(5) 会操作计算机的人都认识 26 个英文字母。文盲都不认识 26 个英文字母。有的文盲是很聪明的。所以有的很聪明的人不会操作计算机。

第 3 章 集 合

☞ **本章学习目标**

- 熟悉集合的概念和表示法
- 理解集合间的关系
- 掌握幂集的概念和求法
- 掌握集合的交、并、差、补、对称差的运算
- 掌握集合运算的定律

3.1 集合的基本概念

集合是数学中最基本的概念之一，是现代数学的基础。对于从事计算机科学工作的人们来说，集合论是必不可少的基础知识。例如，在计算机语言、数据结构、编译原理、形式语言及人工智能等许多领域都得到了卓有成效的运用。

3.1.1 集合及其表示

集合是一个十分常用而又不能精确定义的基本概念。在中学的数学课程中，读者对集合及其元素的意义已经有所了解。直观地说，把一些事物聚集到一起组成一个整体就称为集合，而这些事物就是这个集合的元素或成员。例如，计算机工程系的全体同学、中国所有的高等学校、多媒体教室中的计算机、参加 2022 年世界杯的足球队等，都分别构成了一个集合；而同学、高等学校、计算机、足球队就分别是所对应集合的元素。

集合通常用大写的英文字母表示，例如自然数集合 **N**、整数集合 **Z**、有理数集合 **Q**、实数集合 **R**、复数集合 **C** 等。

集合的元素常用小写的英文字母表示，并用 $x \in A$ 表示 x 是集合 A 中的元素，读作"x 属于 A"，而用 $x \notin A$ 表示 x 不是 A 中的元素，读作"x 不属于 A"。

集合 A 中不同元素的个数称为集合 A 的基数，记为 $|A|$。若 $|A|$ 是有限数，则称集合 A 为有限集，否则称为无限集。

一般来说，表示集合的方法有两种：列举法和描述法。

列举法是列出集合中的所有元素，元素之间用逗号","隔开，并把它们用花括号括起来。例如，$A=\{a, b, c, d\}$，$B=\{1, 2, 3, 4\}$，$C=\{\text{Jim}, \text{Lily}, \text{Lucy}, \text{Kate}\}$。有时候如果

不能完全一一列出集合中的全部元素，可以先列出其中的部分元素，当元素的一般形式很明显时，用省略号表示其余元素。例如，$M=\{m, m^2, m^3, \cdots\}$，$N=\{0, 5, 10, 15, \cdots, 5n, \cdots\}$。

描述法也称谓词表示法，它不要求列出集合中的所有元素，而是利用一项规则，概括集合中元素的属性，以便决定某一事物是否属于该集合的方法。设 x 为某类对象的一般表示，$P(x)$ 为关于 x 的一个命题，我们用 $\{x|P(x)\}$ 表示"使 $P(x)$ 成立的对象 x 所组成的集合"，其中竖线"|"前写的是对象的一般表示，右边写出对象应满足（具有）的属性。即假设集合 $A=\{x|P(x)\}$，如果 $P(b)$ 为真，那么 $b\in A$，否则 $b\notin A$。例如，$A_1=\{x|x$ 是正奇数$\}$，$A_2=\{y|y$ 是哺乳动物$\}$，$A_3=\{z|z^2-2z+1=0\}$。

很多集合可以用不同的方法表示，例如，$\{x|x$ 是偶素数$\}=\{2\}$，$\{x|x$ 是自然数$\}=\{0, 1, 2, 3, \cdots\}$。

但有一些集合只能用描述法表示，例如实数集 $\mathbf{R}$ 只能表示为 $\{x|x$ 是实数$\}$。

集合的元素也可以是集合。例如，$S=\{a, \{1, 2\}, p, \{q\}\}$，如图 3.1 所示。但必须注意：$q\in\{q\}$，而 $q\notin S$，同理 $1\in\{1, 2\}$，$\{1, 2\}\in S$，而 $1\notin S$。

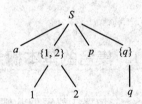

图 3.1　集合 S 的构成图

3.1.2　集合的基本特征

集合一般具有以下四个特征：

1. 确定性

对任意对象都能确定它是不是某一集合的元素，这是集合的最基本特征。也就是说，一个对象或者在集合内，或者不在集合内，二者必居其一。没有确定性就不能构成集合，如"很大的数"、"个子较高的同学"都不能构成集合。

2. 互异性

集合中的元素是彼此不同的，即在同一个集合中不能出现相同的元素。如果同一个元素在一个集合中多次出现，则应该认为是一个元素。例如，$\{1,2,3,3,4,5\}=\{1,2,3,4,5\}$。

3. 无序性

任意改变集合中元素的排列次序，它们仍然表示同一个集合。例如，$\{a, b, c, d\}=\{b, c, d, a\}$。

4. 多样性

集合中的元素可以是任意的对象，相互独立，不要求一定要具备明显的共同特征。例如，$A=\{1, a, *, -3, \{a, b\}, \{x|x$ 是汽车$\}$，地球$\}$。

3.2 集合间的关系

集合间一般有两种关系：包含关系与相等关系。

"集合"、"元素"、元素与集合间的"属于"关系是三个没有精确定义的原始概念，对它们仅给出了直观的描述，以说明它们各自的含义。现利用这三个概念定义集合间的相等关系、包含关系以及集合的子集和幂集等概念。

定义 3.1 设 A、B 是任意两个集合，如果 A 中的每一个元素都是 B 的元素，则称 A 是 B 的子集，记为 $A \subseteq B$，读作"A 包含于 B"，或记为 $B \supseteq A$，读作"B 包含 A"，符号化表示为 $A \subseteq B \Leftrightarrow \forall x(x \in A \to x \in B)$，也可等价地表示为 $A \subseteq B \Leftrightarrow \forall x(x \notin B \to x \notin A)$。

如果 A 不是 B 的子集，则记为 $A \nsubseteq B$（读作"A 不包含于 B"），即 $A \nsubseteq B \Leftrightarrow \exists x((x \in A) \wedge (x \notin B))$。

例如，$A = \{1, 2, 3\}$，$B = \{1, 2\}$，$C = \{1, 3\}$，$D = \{3\}$，则 $B \subseteq A$，$C \subseteq A$，$D \subseteq C$，$D \subseteq A$，但 $B \nsubseteq C$ 且 $C \nsubseteq B$。

显然，对任意集合 A，都有 $A \subseteq A$。

注意符号"$\in$"和"$\subseteq$"在概念上的区别，"$\in$"表示元素与集合间的"属于"关系，"$\subseteq$"表示集合间的"包含"关系。前面提到过，集合的元素也可以是集合，因此，隶属关系和包含关系实际上也可以理解为两个集合之间的关系。对于某些集合，这两种关系可以同时成立。例如：$A = \{a, \{a\}\}$ 和 $\{a\}$，既有 $\{a\} \in A$，又有 $\{a\} \subseteq A$。前者把它们看成是不同层次上的两个集合（即元素与集合），后者把它们看成是同一层次上的两个集合，都是正确的。

定义 3.2 设 A、B 是任意两个集合，当且仅当它们恰有完全相同的元素时，称 A 与 B 相等，记为 $A = B$，符号化表示为 $A = B \Leftrightarrow \forall x(x \in A \leftrightarrow x \in B)$。

例如，集合 $A = \{x \mid x \in \mathbf{Z} \wedge 6 < x \leqslant 9\}$，$B = \{7, 8, 9\}$，则 $A = B$。

定理 3.1（外延性原理） 集合 A 和集合 B 相等的充分必要条件是这两个集合互为子集。

证明 设任意两个集合 A、B 且 $A = B$，故 $\forall x(x \in A \to x \in B)$ 为真，且 $\forall x(x \in B \to x \in A)$ 也为真，即 $A \subseteq B$ 且 $B \subseteq A$。

反之，$A \subseteq B$ 且 $B \subseteq A$，假设 $A \neq B$，则 A 与 B 的元素不完全相同，设有一元素 $x \in A$ 且 $x \notin B$，这与 $A \subseteq B$ 矛盾；或设某一元素 $x \in B$，但 $x \notin A$，这又与 $B \subseteq A$ 矛盾。故 A、B 的元素必须相同，即 $A = B$。

以上定理指出了一个重要原则：要证明两个集合相等，即要证明每一个集合中的任一元素均是另一集合的元素。这种证明依靠逻辑推理理论，而不是凭直观感觉。证明两个集合相等是应该掌握的方法。

由子集的定义及定理 3.1 知，集合具有以下性质：

(1) 对任意集合 A，都有 $A \subseteq A$。

(2) 设 A、B 是任意两个集合，则有 $(A \subseteq B) \wedge (B \subseteq A) \Leftrightarrow A = B$。

(3) 设 A、B、C 是任意集合，则有 $(A \subseteq B) \wedge (B \subseteq C) \Rightarrow A \subseteq C$。

如果集合 A 与 B 不相等，则记为 $A \neq B$，符号化表示为 $A \neq B \Leftrightarrow (A \nsubseteq B) \vee (B \nsubseteq A)$。

定义 3.3 设 A、B 是任意两个集合，若集合 A 的每一个元素都属于集合 B，但集合 B 中至少有一个元素不属于集合 A，则称 A 是 B 的真子集，记为 $A \subset B$，读作"A 真包含于 B"，符号化表示为 $A \subset B \Leftrightarrow \forall x(x \in A \rightarrow x \in B) \wedge (\exists y)(y \in B \wedge y \notin A)$ 或者 $A \subset B \Leftrightarrow A \subseteq B \wedge A \neq B$。如果 A 不是 B 的真子集，则记为 $A \not\subset B$。

例如，$\mathbf{N} \subset \mathbf{Z} \subset \mathbf{Q} \subset \mathbf{R} \subset \mathbf{C}$，但 $\mathbf{N} \not\subset \mathbf{N}$。

定义 3.4 不包含任何元素的集合称为空集，记为 $\varnothing$。

例如，方程 $x^2 + 1 = 0$ 的实根的集合是空集。

空集可以符号化表示为 $\varnothing = \{x \mid P(x) \wedge \neg P(x)\}$，$P(x)$ 是任一谓词。

注意 $\varnothing$ 与 $\{\varnothing\}$ 是不同的。$\{\varnothing\}$ 是以 $\varnothing$ 为元素的集合，而 $\varnothing$ 没有任何元素。因此，$\varnothing \neq \{\varnothing\}$，但 $\varnothing \in \{\varnothing\}$。

定理 3.2 对于任一集合 A，$\varnothing \subseteq A$，且空集是唯一的。

证明 假设 $\varnothing \subseteq A$ 为假，则至少存在一个元素 x，使得 $x \in \varnothing$ 且 $x \notin A$，因为空集 $\varnothing$ 不包含任何元素，所以这是不可能的。

设 $\varnothing_1$ 与 $\varnothing_2$ 都是空集，由上述可知，$\varnothing_1 \subseteq \varnothing_2$ 且 $\varnothing_2 \subseteq \varnothing_1$，根据定理 3.1 可知 $\varnothing_1 = \varnothing_2$，所以，空集是唯一的。

对于每个非空集合 A，至少有两个不同的子集：$\varnothing$ 和 A，即 $\varnothing \subseteq A$ 且 $A \subseteq A$，称 $\varnothing$ 和 A 是 A 的平凡子集。

定义 3.5 在一定范围内，如果所有集合均为某一集合的子集，则称该集合为全集，记为 E 或 U。

对于任一 $x \in A$，因 $A \subseteq E$，故 $x \in E$，即 $\forall x(x \in E)$ 恒为真。

全集可符号化表示为 $E = \{x \mid P(x) \vee \neg P(x)\}$，$P(x)$ 是任一谓词。

全集的概念相当于论域，是有相对性的，它只包含与问题有关的所有对象，并不一定包含一切对象与事物。不同的问题有不同的全集，即使是同一个问题也可以取不同的全集。例如，在初等数论中，全体整数组成了全集；方程 $x^2 + 1 = 0$ 的解集合，在全集为实数集时为空集，而在全集为复数集时解集合就不再是空集，此时解集合为 $\{i, -i\}$，其中 $i^2 = -1$。

3.3 幂 集

含有 n 个元素的集合简称 n 元集，它的含有 $m(m \leqslant n)$ 个元素的子集称为它的 m 元子集。任给一个 n 元集，可求出它的全部子集。举例如下：

例 3.1 求 $A = \{a, b, c\}$ 的全部子集。

解 将 A 的子集从小到大分类：

0 元子集，也就是空集，只有 1 个：$\varnothing$；

1 元子集，即单元集，有 3 个：$\{a\}$、$\{b\}$、$\{c\}$；

2 元子集，有 3 个：$\{a, b\}$、$\{a, c\}$、$\{b, c\}$；

3 元子集，有 1 个：$\{a, b, c\}$。

定义 3.6 对于给定集合 A，由 A 的所有子集组成的集合，称为集合 A 的幂集，记为 $P(A)$ 或 2^A，即 $P(A) = \{B \mid B \subseteq A\}$。

例 3.2　设集合 $A=\{a,b,c\}$，求 A 的幂集 $P(A)$。

解　$P(A)=\{\varnothing,\{a\},\{b\},\{c\},\{a,b\},\{a,c\},\{b,c\},\{a,b,c\}\}$

定理 3.3　如果有限集 A 有 n 个元素，则其幂集 $P(A)$ 有 2^n 个元素。

证明　A 的所有由 k 个元素组成的子集数为从 n 个元素中取 k 个的组合数，即

$$C_n^k = \frac{n(n-1)(n-2)\cdots(n-k+1)}{k!}$$

另外，因 $\varnothing \subseteq A$，故 $P(A)$ 的元素个数 N 可表示为

$$N = C_n^0 + C_n^1 + C_n^2 + \cdots + C_n^k + \cdots + C_n^n = \sum_{k=0}^{n} C_n^k$$

又因 $(x+y)^n = \sum_{k=0}^{n} C_n^k x^k y^{n-k}$，令 $x=y=1$，得 $2^n = \sum_{k=0}^{n} C_n^k$，因此 $|P(A)| = 2^n$。

例 3.3　分别求出空集 $\varnothing$ 和集合 $\{\varnothing\}$ 的幂集。

解　空集 $\varnothing$ 只有一个子集，即它本身 $\varnothing$，故 $P(\varnothing)=\{\varnothing\}$。

而集合 $\{\varnothing\}$ 有 2 个子集：$\varnothing$ 和 $\{\varnothing\}$，因此 $P(\{\varnothing\})=\{\varnothing,\{\varnothing\}\}$。

人们常常给有限集 A 的子集编码，用以表示 A 的幂集的各个元素。具体方法如下：

设 $A=\{a_1,a_2,\cdots,a_n\}$，则 A 的子集 B 按照含 a_i 记 1、不含 a_i 记 $0(i=1,2,\cdots,n)$ 的规定依次写成一个 n 位二进制数，便得到子集 B 的编码。

例如，若 $B=\{a_1,a_n\}$，则 B 的编码是 $100\cdots 01$，当然还可将它化成十进制数。如果 $n=4$，那么这个十进制数为 9，此时特别记 $B=\{a_1,a_4\}$ 为 B_9。$\varnothing$ 的编码为 0，记为 B_0。

子集的这种编码法，不仅给出了一个子集含哪些元素的判别方法，还可以用计算机表示集合、存储集合，以供使用。

3.4　集　合　的　运　算

集合的运算，就是以集合为对象，按照确定的规则得到另外一些新集合的过程。给定集合 A、B，可以通过集合的交（$\bigcap$）、并（$\bigcup$）、差（$-$）、补（$^{-}$）和对称差（$\bigoplus$）等运算产生新的集合。

3.4.1　集合的交与并

定义 3.7　设 A、B 是两个集合，由既属于 A 又属于 B 的元素构成的集合，称为 A 与 B 的交集，记为 $A \bigcap B$，即

$$A \bigcap B = \{x \mid x \in A \land x \in B\}$$

我们可以用文氏图来形象地表示集合之间的关系以及运算结果。文氏图是以英国数学家 John Venn 的名字命名的，他在 1881 年提出了这种表示方法。用长方形表示全集 E，用圆形或其他封闭的几何图形表示任意集合，有时用点表示集合中特定的元素，用阴影区域表示集合之间运算结果构造的新的集合。

交集的定义如图 3.2 所示。

例如，(1) 设 $A=\{a,b,c,d,e\}$，$B=\{a,c,e,f\}$，则 $A \bigcap B=\{a,c,e\}$。

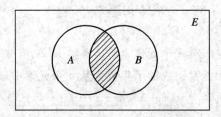

图 3.2　A 与 B 的交集

（2）设 $A=\{x\,|\,x$ 是高等学校的学生$\}$，$B=\{x\,|\,x$ 是计算机专业的学生$\}$，则 $A\cap B=$ $\{x\,|\,x$ 是高等学校计算机专业的学生$\}$。

（3）设 A 是所有能被 k 整除的整数的集合，B 是所有能被 l 整除的整数的集合，则 $A\cap B$ 是能被 k 与 l 最小公倍数整除的整数的集合。

若集合 A、B 没有共同的元素，则 $A\cap B=\varnothing$，此时亦称 A 与 B 不相交。

n 个集合 A_1，A_2，$\cdots$，A_n 的交可记为

$$P = A_1 \cap A_2 \cap \cdots \cap A_n = \bigcap_{i=1}^{n} A_i$$

例如，$A_1=\{1,2,8\}$，$A_2=\{2,8\}$，$A_3=\{4,8\}$，则 $\bigcap\limits_{i=1}^{3} A_i = \{8\}$。

定义 3.8　设 A、B 是两个集合，由所有属于 A 或者属于 B 的元素构成的集合，称为 A 与 B 的并集，记为 $A\cup B$，即

$$A\cup B=\{x\,|\,(x\in A)\vee(x\in B)\}$$

并集的定义如图 3.3 所示。

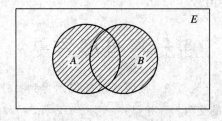

图 3.3　A 与 B 的并集

例如，设 $A=\{a,b,c,d,e\}$，$B=\{c,d,e,f\}$，则 $A\cup B=\{a,b,c,d,e,f\}$。

n 个集合 A_1，A_2，$\cdots$，A_n 的并可记为

$$W = A_1 \cup A_2 \cup \cdots \cup A_n = \bigcup_{i=1}^{n} A_i$$

例如，$A_1=\{1,2,8\}$，$A_2=\{2,8\}$，$A_3=\{4,8\}$，则 $\bigcup\limits_{i=1}^{3} A_i = \{1,2,4,8\}$。

3.4.2　集合的差与补

定义 3.9　设 A、B 是两个集合，由属于集合 A 而不属于集合 B 的所有元素组成的集合，称为 B 对 A 的相对补集，或 A 与 B 的差集，记为 $A-B$，即

$$A-B=\{x\,|\,x\in A\wedge x\notin B\}$$

差集的定义如图 3.4 所示。

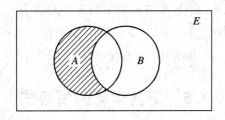

图 3.4　A 与 B 的差集

例如，若 $A=\{a,b,c,d,e\}$，$B=\{a,c,e,g,h\}$，则 $A-B=\{b,d\}$，$B-A=\{g,h\}$，$A-A=B-B=\varnothing$。

再如，若 A 是素数集合，B 是奇数集合，则 $A-B=\{2\}$。

在给定全集 E 以后，$A\subseteq E$，A 的绝对补集 $\overline{A}$ 定义如下：

定义 3.10　设 A 是一个集合，全集 E 与 A 的差集称为 A 的绝对补集，简称 A 的补集，记为 $\overline{A}$，即

$$\overline{A}=E-A=\{x\,|\,x\in E\wedge x\notin A\}=\{x\,|\,x\notin A\}$$

补集实际上是差集的特例，其定义如图 3.5 所示。

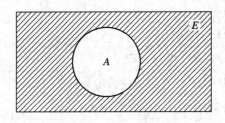

图 3.5　A 的补集

例如，$E=\{1,2,3,4,5,6,7,8,9,0\}$，$A=\{1,3,5,7,9\}$，$\overline{A}=\{2,4,6,8,0\}$。

3.4.3　集合的对称差

定义 3.11　设 A、B 是两个集合，由属于 A 而不属于 B 和属于 B 而不属于 A 的所有元素组成的集合，称为 A 和 B 的对称差，记为 $A\oplus B$，即

$$A\oplus B=\{x\,|\,(x\in A\wedge x\notin B)\vee(x\in B\wedge x\notin A)\}$$
$$=\{x\,|\,((x\in A)\vee(x\in B))\wedge(x\notin A\cap B)\}$$

对称差的定义如图 3.6 所示。

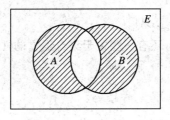

图 3.6　A 与 B 的对称差

根据定义 3.11 和图 3.6，集合 A 与 B 的对称差还可以表示为

$$A \oplus B = (A-B) \cup (B-A) = (A \cup B) - (A \cap B)$$

例如，若 $A = \{a, b, c, d, e\}$，$B = \{a, c, e, g, h\}$，则 $A \oplus B = \{b, d, g, h\}$。

3.5 集合运算的恒等式

3.4 节介绍了集合之间的基本运算，这些运算都满足一定的运算定律，称它们为基本的集合恒等式。表 3.1 列出了一些与交、并、补运算相关的集合恒等式，其中的 A、B、C 代表任意集合。

表 3.1 基本的集合恒等式

名　　称	恒　　等　　式
交换律	$A \cap B = B \cap A$，$A \cup B = B \cup A$
结合律	$(A \cap B) \cap C = A \cap (B \cap C)$，$(A \cup B) \cup C = A \cup (B \cup C)$
分配律	$A \cap (B \cup C) = (A \cap B) \cup (A \cap C)$，$A \cup (B \cap C) = (A \cup B) \cap (A \cup C)$
幂等律	$A \cap A = A$，$A \cup A = A$
同一律	$A \cap E = A$，$A \cup \varnothing = A$
零律	$A \cap \varnothing = \varnothing$，$A \cup E = E$
吸收律	$A \cap (A \cup B) = A$，$A \cup (A \cap B) = A$
互补律	$A \cap \bar{A} = \varnothing$，$A \cup \bar{A} = E$
余补律	$\bar{\varnothing} = E$，$\bar{E} = \varnothing$
双重否定律	$\bar{\bar{A}} = A$
补交转换律	$A - B = A \cap \bar{B}$
德·摩根律	$\overline{A \cap B} = \bar{A} \cup \bar{B}$，$\overline{A \cup B} = \bar{A} \cap \bar{B}$

另外，关于对称差运算，有以下一些恒等式：

(1) $A \oplus B = B \oplus A$（交换律）；

(2) $(A \oplus B) \oplus C = A \oplus (B \oplus C)$（结合律）；

(3) $A \oplus \varnothing = A$，$A \oplus E = \bar{A}$；

(4) $A \oplus A = \varnothing$，$A \oplus \bar{A} = E$；

(5) $A \cap (B \oplus C) = (A \cap B) \oplus (A \cap C)$。

除了上述集合恒等式以外，还有一些关于集合运算的性质，例如：

(1) $A \cap B \subseteq A$，$A \cap B \subseteq B$；

(2) $A \subseteq A \cup B$，$B \subseteq A \cup B$；

(3) $A - B \subseteq A$；

(4) $A \subseteq B \Leftrightarrow \bar{B} \subseteq \bar{A} \Leftrightarrow A \cap B = A \Leftrightarrow A \cup B = B \Leftrightarrow A - B = \varnothing$；

(5) $A \oplus B = A \oplus C \Rightarrow B = C$。

比较这些集合恒等式和数理逻辑中的等价式，不难看出，集合运算的规律和命题演算的某些规律是一致的。所以，用集合的交、并、差、补、对称差等的定义，通过逻辑等值演算的方法是证明集合等式或包含式的基本方法。

例 3.4　证明交运算的结合律 $(A \cap B) \cap C = A \cap (B \cap C)$。

证明　因为

$$(A \cap B) \cap C = \{x \mid x \in A \cap B \land x \in C\}$$
$$A \cap (B \cap C) = \{x \mid x \in A \land x \in B \cap C\}$$
$$x \in A \cap B \land x \in C \Leftrightarrow (x \in A \land x \in B) \land x \in C$$
$$\Leftrightarrow x \in A \land (x \in B \land x \in C)$$
$$\Leftrightarrow x \in A \land x \in B \cap C$$

所以，$(A \cap B) \cap C = A \cap (B \cap C)$。

例 3.5　设 $A \subseteq B$，$C \subseteq D$，求证 $A \cup C \subseteq B \cup D$。

证明　对任意 $x \in A \cup C$，有 $x \in A$ 或 $x \in C$。

若 $x \in A$，则由 $A \subseteq B$ 知 $x \in B$，故 $x \in B \cup D$；

若 $x \in C$，则由 $C \subseteq D$ 知 $x \in D$，故 $x \in B \cup D$。

因此，$A \cup C \subseteq B \cup D$。

显然，当 $C = D$ 时，$A \cup C \subseteq B \cup C$。

由已知的集合恒等式推演出新的集合等式或包含式的过程称为集合演算，在集合演算中需要经常使用以上给出的各组集合恒等式。因此，由已知的集合等式或包含式，通过集合演算的方法是证明集合等式或包含式的另一种方法。

例 3.6　假设交换律、分配律、同一律和零律都成立，证明吸收律。

证明　(1) $A \cup (A \cap B) = (A \cap E) \cup (A \cap B) = A \cap (E \cup B) = A \cap E = A$

(2) $A \cap (A \cup B) = (A \cup A) \cap (A \cup B) = A \cup (A \cap B) = A$

定理 3.4　设 A、B、C 为 3 个集合，则下列关系成立：

(1) $A - (B \cup C) = (A - B) \cap (A - C)$；

(2) $A - (B \cap C) = (A - B) \cup (A - C)$。

证明　这里仅证明(1)，(2)的证明请读者自己完成。

$$A - (B \cup C) = A \cap \overline{B \cup C} = A \cap (\overline{B} \cap \overline{C}) = (A \cap A) \cap \overline{B} \cap \overline{C}$$
$$= (A \cap \overline{B}) \cap (A \cap \overline{C}) = (A - B) \cap (A - C)$$

定理 3.5　设 A、B、C 为 3 个集合，则 $A \cap (B - C) = (A \cap B) - (A \cap C)$。

证明　因为

$$A \cap (B - C) = A \cap (B \cap \overline{C}) = A \cap B \cap \overline{C}$$

又

$$(A \cap B) - (A \cap C) = (A \cap B) \cap \overline{A \cap C} = (A \cap B) \cap (\overline{A} \cup \overline{C})$$
$$= (A \cap B \cap \overline{A}) \cup (A \cap B \cap \overline{C})$$
$$= \varnothing \cup (A \cap B \cap \overline{C}) = A \cap B \cap \overline{C}$$

所以

$$A \bigcap (B-C) = (A \bigcap B) - (A \bigcap C)$$

特别地，

$$A \bigcap (B-A) = (A \bigcap B) - (A \bigcap A) = (A \bigcap B) - A = A \bigcap B \bigcap \overline{A} = \varnothing$$

注意

$$A \bigcup (B-A) = A \bigcup (B \bigcap \overline{A}) = (A \bigcup B) \bigcap (A \bigcup \overline{A}) = (A \bigcup B) \bigcap E = A \bigcup B$$

$$\neq (A \bigcup B) - (A \bigcup A) = (A \bigcup B) \bigcap \overline{A} = (A \bigcap \overline{A}) \bigcup (B \bigcap \overline{A}) = \varnothing \bigcup (B \bigcap \overline{A}) = \overline{A} \bigcap B$$

也就是说，一般地，$A \bigcup (B-C) \neq (A \bigcup B) - (A \bigcup C)$。

本 章 小 结

本章对集合相关的概念和特殊集合以及集合运算相关的概念和定理做了简单介绍，主要包括集合的定义、集合的表示、属于和不属于、子集、真子集、包含和真包含、幂集、空集、全集、基数、有限集、无限集等，以及集合的交、并、差、补和对称差等运算的定义及相关定理。

我们学习集合论，是因为计算机科学及其应用的研究和集合论有着非常密切的关系。集合不仅可以表示数，而且还可以像数一样进行运算，更可以用于非数值信息的表示和处理，如数据的增加、删除、排序以及数据之间关系的描述。有些很难用传统的数值计算来处理的问题，可以用集合运算来处理。因此，集合论在许多领域都得到了广泛的应用，并且得到了发展。

习 题 3

1. 下列各式错误的是(　　)。

    A. $\varnothing \subseteq \varnothing$　　　　　　　　　　B. $\varnothing \in \{\varnothing\}$

    C. $\varnothing \subset \varnothing$　　　　　　　　　　D. $\varnothing \in \{\varnothing, \{\varnothing\}\}$

2. 对任意集合 A、B、C、D，下列选项正确的是(　　)。

    A. $(A \bigcup B) \times (C \bigcup D) = (A \times C) \bigcup (B \times D)$

    B. $(A-B) \times (C-D) = (A \times C) - (B \times D)$

    C. $(A \oplus B) \times (C \oplus D) = (A \times C) \oplus (B \times D)$

    D. $(A \oplus B) \times C = (A \times C) \oplus (B \times C)$

3. 用列举法表示下列集合：

(1) 大于 10 小于 20 的整数；

(2) 20 的所有因数；

(3) $\{x \mid x \subset \mathbf{Z}$ 并且 $2 < x < 10\}$；

(4) $\{x \mid x$ 是 the People's Republic of China 中的英文字母$\}$；

(5) $\{a \mid a \in P$ 且 $a < 20\}$。

4. 用描述法表示下列集合:

(1) $\{0, 2, 4, \cdots, 200\}$;

(2) $\{2, 4, 8, \cdots, 1024\}$;

(3) 从 0 到 1000 的整数;

(4) 偶数的全体;

(5) 11 的倍数。

5. 求下列集合的幂集:

(1) $\{a, \{b\}\}$;   (2) $\{1, \varnothing\}$;   (3) $\{\varnothing, \{\varnothing\}\}$;

(4) $\{a\}$ 的幂集;   (5) $\{x, y, z\}$;   (6) $\{\{1, \{2, 3\}\}\}$。

6. 设 $E=\{1, 2, 3, 4, 5\}$, $A=\{1, 4\}$, $B=\{1, 2, 5\}$, $C=\{2, 4\}$, 求下列集合:

(1) $A \cap \bar{B}$;   (2) $(A \cap B) \cup \bar{C}$;

(3) $\overline{A \cap B}$ (4) $\bar{A} \cup \bar{B}$;

(5) $P(A) \cap P(C)$;   (6) $P(A) - P(C)$;

(7) $(A \oplus B) \cap (A \oplus C)$;   (8) $\bar{A} \cup (B \oplus C)$。

7. 计算:

(1) $\mathbf{Z} - \mathbf{N}$;   (2) $\mathbf{Z} \cup \mathbf{N}$;   (3) $\mathbf{Z} \cap \mathbf{N}$;

(4) $\mathbf{Z} - (\mathbf{Z} - \mathbf{N})$;   (5) $\mathbf{R} \cup \mathbf{Q}$;   (6) $\mathbf{R} - \mathbf{Q}$。

8. 化简下列集合表达式:

(1) $\{2, 3\} \cup \{\{2\}, \{3\}\} \cup \{2, \{3\}\} \cup \{\{2\}, 3\}$;

(2) $((A \cup B \cup C) \cap (A \cup B)) - ((A \cup (B - C)) \cap A)$。

第 4 章 关 系

☞ **本章学习目标**

- 熟悉序偶、笛卡尔积等与关系相关的概念
- 掌握关系的三种表示方法
- 理解关系的复合运算和逆运算
- 理解关系的性质和闭包运算
- 掌握等价关系和偏序关系

4.1 序偶与笛卡尔积

4.1.1 序偶与有序 n 元组

在日常生活中，有许多事物是成对出现的，而且这种成对出现的事物具有一定的顺序，例如，上、下，大、小，左、右，父、子，高、矮等。由此我们引入序偶的概念。

定义 4.1 由两个元素 x 和 y（允许 $x=y$）按一定的顺序排列成的二元组称为序偶或有序对，记为 $\langle x, y\rangle$。其中 x 是它的第一元素，y 是它的第二元素。

前述例子可表示为〈上，下〉、〈大，小〉、〈左，右〉、〈父，子〉、〈高，矮〉等。平面直角坐标系中点的坐标就是序偶，如 $\langle -1, 1\rangle$、$\langle -2, -3\rangle$、$\langle 3, -1\rangle$……代表着不同的点。在序偶中，两个元素的次序是非常重要的。

一般地，序偶 $\langle x, y\rangle$ 具有以下性质：

(1) 当 $x\neq y$ 时，$\langle x, y\rangle\neq\langle y, x\rangle$；

(2) $\langle x, y\rangle=\langle m, n\rangle$ 的充分必要条件是 $x=m$ 且 $y=n$。

注意 序偶 $\langle x, y\rangle$ 和二元集 $\{x, y\}$ 的区别：当 $x\neq y$ 时，$\{x, y\}=\{y, x\}$，$\langle x, y\rangle\neq\langle y, x\rangle$。因为序偶中的元素是有序的，而集合中的元素是无序的。

序偶的概念可以推广到有序 n 元组的情况。

定义 4.2 由 n 个具有给定次序的客体 $a_1, a_2, \cdots, a_n$ 组成的序列称为有序 n 元组，记为 $\langle a_1, a_2, \cdots, a_n\rangle$。其中 a_1 是第一元素，a_2 是第二元素，……，a_n 是第 n 元素。

例如：空间直角坐标系中点的坐标 $\langle 1, \quad 1, 3\rangle$、$\langle 2, 5, 0\rangle$ 等都是有序 3 元组；n 维空间中点的坐标或 n 维向量都是有序 n 元组。

特别地，形式上也可以把 $\langle x\rangle$ 看成有序 1 元组。

实际上，一个有序 n 元组 $(n \geqslant 3)$ 是一个序偶，其中第一个元素是一个有序 $n-1$ 元组，第二个元素是一个客体，即 $\langle a_1, a_2, \cdots, a_n \rangle = \langle\langle a_1, a_2, \cdots, a_{n-1}\rangle, a_n \rangle$。

显然，$\langle a_1, a_2, \cdots, a_n \rangle = \langle b_1, b_2, \cdots, b_n \rangle \Leftrightarrow a_1 = b_1 \wedge a_2 = b_2 \wedge \cdots \wedge a_n = b_n$。

4.1.2 笛卡尔积

定义 4.3 设 A 和 B 是任意两个集合，若序偶的第一元素是 A 的元素，第二元素是 B 的元素，则所有这样的序偶组成的集合称为集合 A 和 B 的笛卡尔积或直积，记为 $A \times B$，即

$$A \times B = \{\langle x, y \rangle \mid x \in A \wedge y \in B\}$$

例 4.1 若 $A = \{a, b, c\}$，$B = \{1, 2\}$，求 $A \times B$、$B \times A$、$A \times \varnothing$、$\varnothing \times B$。

解 $A \times B = \{\langle a, 1 \rangle, \langle a, 2 \rangle, \langle b, 1 \rangle, \langle b, 2 \rangle, \langle c, 1 \rangle, \langle c, 2 \rangle\}$

$\quad B \times A = \{\langle 1, a \rangle, \langle 1, b \rangle, \langle 1, c \rangle, \langle 2, a \rangle, \langle 2, b \rangle, \langle 2, c \rangle\}$

$\quad A \times \varnothing = \varnothing$

$\quad \varnothing \times B = \varnothing$

根据例题可得出如下结论：

(1) 当 A、B 为非空集合且 $A \neq B$ 时，$A \times B \neq B \times A$；

(2) 如果 $|A| = m$，$|B| = n$，则 $|A \times B| = |B \times A| = |A| \cdot |B| = mn$；

(3) $A \times B = \varnothing$ 当且仅当 $A = \varnothing$ 或 $B = \varnothing$。

定理 4.1 设 A、B、C 为任意 3 个集合，则笛卡尔积对并和交运算满足分配律，即

(1) $A \times (B \cup C) = (A \times B) \cup (A \times C)$；

(2) $A \times (B \cap C) = (A \times B) \cap (A \times C)$；

(3) $(A \cup B) \times C = (A \times C) \cup (B \times C)$；

(4) $(A \cap B) \times C = (A \times C) \cap (B \times C)$。

证明 这里只证明(1)、(4)，(2)和(3)的证明请读者自己完成。

(1) 因为对于 $\forall \langle x, y \rangle$，有

$$\langle x, y \rangle \in A \times (B \cup C) \Leftrightarrow x \in A \wedge y \in B \cup C$$
$$\Leftrightarrow x \in A \wedge (y \in B \vee y \in C)$$
$$\Leftrightarrow (x \in A \wedge y \in B) \vee (x \in A \wedge y \in C)$$
$$\Leftrightarrow \langle x, y \rangle \in A \times B \vee \langle x, y \rangle \in A \times C$$
$$\Leftrightarrow \langle x, y \rangle \in (A \times B) \cup (A \times C)$$

所以 $A \times (B \cup C) = (A \times B) \cup (A \times C)$。

(4) 因为对于 $\forall \langle x, y \rangle$，有

$$\langle x, y \rangle \in (A \cap B) \times C \Leftrightarrow x \in A \cap B \wedge y \in C$$
$$\Leftrightarrow (x \in A \wedge x \in B) \wedge y \in C$$
$$\Leftrightarrow (x \in A \wedge y \in C) \wedge (x \in B \wedge y \in C)$$
$$\Leftrightarrow \langle x, y \rangle \in A \times C \wedge \langle x, y \rangle \in B \times C$$
$$\Leftrightarrow \langle x, y \rangle \in (A \times C) \cap (B \times C)$$

所以 $(A \cap B) \times C = (A \times C) \cap (B \times C)$。

例 4.2 　设 A、B、C、D 是任意集合，判断下列等式是否成立，为什么？

(1) $(A\cap B)\times(C\cap D)=(A\times C)\cap(B\times D)$；

(2) $(A\cup B)\times(C\cup D)=(A\times C)\cup(B\times D)$。

解 　(1) 成立。因为对于 $\forall\langle x,y\rangle$，有

$$\langle x,y\rangle\in(A\cap B)\times(C\cap D)\Leftrightarrow(x\in A\cap B)\wedge(y\in C\cap D)$$
$$\Leftrightarrow(x\in A)\wedge(x\in B)\wedge(y\in C)\wedge(y\in D)$$
$$\Leftrightarrow(x\in A)\wedge(y\in C)\wedge(x\in B)\wedge(y\in D)$$
$$\Leftrightarrow(\langle x,y\rangle\in A\times C)\wedge(\langle x,y\rangle\in B\times D)$$
$$\Leftrightarrow\langle x,y\rangle\in(A\times C)\cap(B\times D)$$

所以 $(A\cap B)\times(C\cap D)=(A\times C)\cap(B\times D)$。

(2) 不一定成立。例如，令 $A=\{1\}$，$B=\{2\}$，$C=\{3\}$，$D=\{4\}$，则

$$(A\cup B)\times(C\cup D)=\{1,2\}\times\{3,4\}=\{\langle1,3\rangle,\langle1,4\rangle,\langle2,3\rangle,\langle2,4\rangle\}$$

而

$$(A\times C)\cup(B\times D)=\{\langle1,3\rangle\}\cup\{\langle2,4\rangle\}=\{\langle1,3\rangle,\langle2,4\rangle\}$$

因此 $(A\cup B)\times(C\cup D)\neq(A\times C)\cup(B\times D)$。

对两个以上的集合也可以定义笛卡尔积，n 个集合的笛卡尔积的定义如下。

定义 4.4 　设 A_1，A_2，$\cdots$，A_n 为任意 $n(n\geqslant2)$ 个集合，它们的笛卡尔积用 $A_1\times A_2\times\cdots\times A_n$ 表示，定义为 $A_1\times A_2\times\cdots\times A_n=\{\langle a_1,a_2,\cdots,a_n\rangle\mid a_i\in A_i,i=1,2,\cdots,n\}$。$n$ 阶笛卡尔积又称 n 阶直积。

例如，空间直角坐标系中所有点的集合就是 3 阶笛卡尔积 $\mathbf{R}\times\mathbf{R}\times\mathbf{R}$。

不难发现，$A_1\times A_2\times\cdots\times A_n$ 是有序 n 元组构成的集合。

一般地，若 $|A_1|=n_1$，$|A_2|=n_2$，$\cdots$，$|A_n|=n_n$，则 n 个集合笛卡尔积中的元素个数为 $|A_1\times A_2\times\cdots\times A_n|=|A_1|\cdot|A_2|\cdot\cdots\cdot|A_n|=n_1\cdot n_2\cdot\cdots\cdot n_n$。

特别地，当 $A_1=A_2=\cdots=A_n=A$ 时，$A_1\times A_2\times\cdots\times A_n=A^n$。

若 $|A|=m$，则 $|A^n|=m^n$。

4.2　关系的概念及其表示法

说起关系这个词，对我们来说并不陌生，世界上存在着各种各样的关系：人与人之间的"同志"关系、"同学"关系、"朋友"关系、"师生"关系、"上下级"关系、"父子"关系；两个数之间有"大于"关系、"等于"关系和"小于"关系；两个变量之间有一定的"函数"关系；计算机内两电路间有导线"连接"关系；程序间有"调用"关系等。所以对关系进行深刻的研究，对学习数学与计算机科学都有很大的用处。

4.2.1　关系的概念

定义 4.5 　如果一个集合中的元素都是序偶或这个集合是空集，则称这个集合是一个二元关系，简称关系，记为 R。

如果 $\langle x,y\rangle \in R$，可记为 xRy；如果 $\langle x,y\rangle \notin R$，则记为 $x\cancel{R}y$。

例如，$R=\{\langle a,b\rangle,\langle 1,2\rangle\}$ 是一个二元关系，aRb 且 $1R2$，而 $a\cancel{R}1$。

二元关系可以推广到 n 元关系，n 元关系中的元素是有序 n 元组。

例如，表 4.1 是关系数据库中的一个实体模型，是有关学生信息的一张简表。

表 4.1　关系数据库的实体模型

班　级	学　号	姓　名	性　别
18 软件 1	18060123	张明	男
18 计算机 2	18070234	李华	女
18 网络 3	18220345	王刚	男
…	…	…	…

表 4.1 中包含了若干学生的记录，每条记录是一个有序 4 元组，由 4 个字段按一定的次序构成，称为属性。这些有序 4 元组的集合构成了一个 4 元关系。

n 元关系及其运算构成了关系数据库的理论基础，在实际中有着非常重要的应用，更加深入的内容在数据库课程中有详细介绍，这里不再赘述。以后我们所讨论的关系均指二元关系。

二元关系中最重要的是集合 A 到 B 的关系和集合 A 上的关系。

定义 4.6　设 A、B 是任意两个集合，称笛卡尔积 $A\times B$ 的任一子集为集合 A 到 B 的一个二元关系，当 $A=B$ 时则称为集合 A 上的二元关系。

例如，$A=\{0,1\}$，$B=\{1,2,3\}$，则 $R_1=\{\langle 0,2\rangle\}$，$R_2=A\times B$，$R_3=\varnothing$，$R_4=\{\langle 0,1\rangle\}$ 都是 A 到 B 的二元关系，而 R_3 和 R_4 同时也是 A 上的二元关系。

对于集合 A、B，如果 $|A|=n$，$|B|=m$，则 $|A\times B|=nm$，$A\times B$ 的子集有 2^{nm} 个，所以存在 2^{nm} 个不同的集合 A 到集合 B 的二元关系。从这个结论可以知道，集合 A 上存在 2^{n^2} 个不同的二元关系。

定义 4.7　设 R 为 X 到 Y 的二元关系，由 $\langle x,y\rangle \in R$ 的所有第一元素组成的集合称为 R 的定义域或前域，记为 $\mathrm{dom}\ R$，符号化表示为 $\mathrm{dom}\ R=\{x\mid \exists y(\langle x,y\rangle \in R)\}$；由 $\langle x,y\rangle \in R$ 的所有第二元素组成的集合称为 R 的值域或后域，记为 $\mathrm{ran}\ R$，符号化表示为 $\mathrm{ran}\ R=\{y\mid \exists x(\langle x,y\rangle \in R)\}$；$R$ 的定义域和值域的并集称为 R 的域，记为 $\mathrm{fld}\ R$，符号化表示为 $\mathrm{fld}\ R=\mathrm{dom}\ R\cup \mathrm{ran}\ R$。

显然，$\mathrm{dom}\ R\subseteq X$，$\mathrm{ran}\ R\subseteq Y$，$\mathrm{fld}\ R=\mathrm{dom}\ R\cup \mathrm{ran}\ R\subseteq X\cup Y$。

例 4.3　设 $A=\{1,7\}$，$B=\{1,2,6\}$，$H=\{\langle 1,2\rangle,\langle 1,6\rangle,\langle 7,2\rangle\}$，求 $\mathrm{dom}\ H$、$\mathrm{ran}\ H$ 和 $\mathrm{fld}\ H$。

解　$\mathrm{dom}\ H=\{1,7\}$，$\mathrm{ran}\ H=\{2,6\}$，$\mathrm{fld}\ H=\{1,2,6,7\}$。

例 4.4　设 $X=\{2,3,4,5\}$，求集合 X 上的关系 $<$、$\mathrm{dom}\ <$ 及 $\mathrm{ran}\ <$。

解　$<=\{\langle 2,3\rangle,\langle 2,4\rangle,\langle 2,5\rangle,\langle 3,4\rangle,\langle 3,5\rangle,\langle 4,5\rangle\}$

$\mathrm{dom}\ <=\{2,3,4\}$

$\mathrm{ran}\ <=\{3,4,5\}$

4.2.2　几种特殊的关系

1. 空关系

对任意集合 X、Y，$\varnothing \subseteq X \times Y$，$\varnothing \subseteq X \times X$，所以 $\varnothing$ 是由 X 到 Y 的关系，也是 X 上的关系，称为空关系。

2. 全域关系

因为 $X \times Y \subseteq X \times Y$，$X \times X \subseteq X \times X$，所以 $X \times Y$ 是一个由 X 到 Y 的关系，称为由 X 到 Y 的全域关系；$X \times X$ 是 X 上的一个关系，称为 X 上的全域关系，记为 E_X，符号化表示为 $E_X = \{\langle x_i, x_j \rangle \mid x_i, x_j \in X\}$。

例 4.5　若 $H = \{f, m, s, d\}$ 表示家庭中父、母、子、女四个人的集合，确定 H 上的全域关系和空关系，另外再确定 H 上的一个关系，并指出该关系的定义域和值域。

解　设 H 上同一家庭成员的关系为 H_1，则

$$H_1 = \{\langle f, f \rangle, \langle f, m \rangle, \langle f, s \rangle, \langle f, d \rangle, \langle m, f \rangle, \langle m, m \rangle, \langle m, s \rangle, \langle m, d \rangle,$$
$$\langle s, f \rangle, \langle s, m \rangle, \langle s, s \rangle, \langle s, d \rangle, \langle d, f \rangle, \langle d, m \rangle, \langle d, s \rangle, \langle d, d \rangle\}$$

设 H 上的互不相识关系为 H_2，则 $H_2 = \varnothing$，那么 H_1 为全域关系，H_2 为空关系。

设 H 上的长幼关系为 H_3，则 $H_3 = \{\langle f, s \rangle, \langle f, d \rangle, \langle m, s \rangle, \langle m, d \rangle\}$，那么 $\mathrm{dom}\, H_3 = \{f, m\}$，$\mathrm{ran}\, H_3 = \{s, d\}$。

3. 恒等关系

定义 4.8　设 I_X 是 X 上的二元关系且满足 $I_X = \{\langle x, x \rangle \mid x \in X\}$，则称 I_X 是 X 上的恒等关系。

例如，集合 $A = \{1, 2, 3\}$，则 A 上的恒等关系 $I_A = \{\langle 1, 1 \rangle, \langle 2, 2 \rangle, \langle 3, 3 \rangle\}$。

4.2.3　关系的表示法

关系是序偶的集合，因此可以用表示集合的列举法和描述法表示关系。前面的例子都是通过这种方法来表示二元关系的。

有限集合间的二元关系 R 除了可以用序偶集合的形式表示以外，还可以用关系矩阵和关系图来表示。

设给定两个有限集合 $X = \{x_1, x_2, \cdots, x_m\}$，$Y = \{y_1, y_2, \cdots, y_n\}$，则对应于从 X 到 Y 的二元关系 R 有一个关系矩阵 $\boldsymbol{M}_R = [r_{ij}]_{m \times n}$，其中

$$r_{ij} = \begin{cases} 1, & \langle x_i, y_j \rangle \in R \\ 0, & \langle x_i, y_j \rangle \notin R \end{cases} \qquad (i = 1, 2, \cdots, m;\ j = 1, 2, \cdots, n)$$

如果 R 是有限集合 X 上的二元关系或 X 和 Y 含有相同数量的有限个元素，则 $\boldsymbol{M}_R$ 是方阵。

例 4.6　若 $A = \{a_1, a_2, a_3, a_4, a_5\}$，$B = \{b_1, b_2, b_3\}$，$A$ 到 B 的关系 $R = \{\langle a_1, b_1 \rangle, \langle a_1, b_3 \rangle, \langle a_2, b_2 \rangle, \langle a_2, b_3 \rangle, \langle a_3, b_1 \rangle, \langle a_4, b_2 \rangle, \langle a_5, b_2 \rangle\}$，写出关系矩阵 $\boldsymbol{M}_R$。

解

$$M_R = \begin{bmatrix} 1 & 0 & 1 \\ 0 & 1 & 1 \\ 1 & 0 & 0 \\ 0 & 1 & 0 \\ 0 & 1 & 0 \end{bmatrix}_{5 \times 3}$$

例 4.7 设 $X=\{1,2,3,4\}$，写出集合 X 上的大于关系 $>$ 的关系矩阵。

解　　　　　$>=\{\langle 2,1 \rangle, \langle 3,1 \rangle, \langle 3,2 \rangle, \langle 4,1 \rangle, \langle 4,2 \rangle, \langle 4,3 \rangle\}$

$$M_> = \begin{bmatrix} 0 & 0 & 0 & 0 \\ 1 & 0 & 0 & 0 \\ 1 & 1 & 0 & 0 \\ 1 & 1 & 1 & 0 \end{bmatrix}$$

有限集合的二元关系也可以用图形来表示。设集合 $X=\{x_1, x_2, \cdots, x_m\}$ 到 $Y=\{y_1, y_2, \cdots, y_n\}$ 上的一个二元关系为 R，首先我们在平面上作出 m 个结点，分别记为 $x_1, x_2, \cdots, x_m$；再作出 n 个结点，分别记为 $y_1, y_2, \cdots, y_n$。如果 $x_i R y_j$，则从结点 x_i 至结点 y_j 作一条有向边，其箭头指向 y_j；如果 $x_i \cancel{R} y_j$，则 x_i 和 y_j 之间没有边连接。用这种方法连接起来的图称为 R 的关系图。

例 4.8 画出例 4.6 的关系图。

解　本题的关系图如图 4.1 所示。

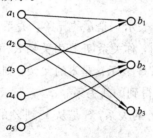

图 4.1　例 4.8 的关系图

例 4.9 设 $A=\{1,2,3,4\}$，$R=\{\langle 1,2 \rangle, \langle 2,2 \rangle, \langle 3,1 \rangle, \langle 3,2 \rangle, \langle 4,3 \rangle\}$，画出 R 的关系图。

解　因为 R 是集合 A 上的二元关系，故只需画出 A 中的每个元素即可。如果 $a_i R a_j$，就画一条由 a_i 到 a_j 的有向边。若 $a_i = a_j$，则画出的是一条自回路（自回路的概念将在第 6 章介绍）。本题的关系图如图 4.2 所示。

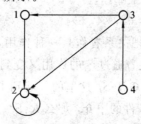

图 4.2　例 4.9 的关系图

注意 关系图主要表达结点与结点之间的邻接关系，故关系图与结点位置和线段的长短无关。

4.3 关系的运算

二元关系是序偶的集合，因此，关系可以进行集合的所有运算，两个关系运算的结果还是关系。若 Q 和 S 是从集合 X 到集合 Y 的两个关系，则 Q、S 的并、交、补、差、对称差仍是 X 到 Y 的关系。

例 4.10 若 $A=\{1,2,3,4\}$，$R_1=\{\langle x,y\rangle\mid(x-y)/2\in A$ 且 $x,y\in A\}$，$R_2=\{\langle x,y\rangle\mid(x-y)/3\in A$ 且 $x,y\in A\}$，求 $R_1\bigcap R_2$、$R_1\bigcup R_2$、R_1-R_2、$\overline{R_1}$ 和 $R_1\oplus R_2$。

解 由题意知，$R_1=\{\langle 3,1\rangle,\langle 4,2\rangle\}$，$R_2=\{\langle 4,1\rangle\}$，则

$R_1\bigcap R_2=\varnothing$

$R_1\bigcup R_2=\{\langle 3,1\rangle,\langle 4,1\rangle,\langle 4,2\rangle\}$

$R_1-R_2=R_1=\{\langle 3,1\rangle,\langle 4,2\rangle\}$

$\overline{R_1}=E_A-R_1=\{\langle 1,1\rangle,\langle 1,2\rangle,\langle 1,3\rangle,\langle 1,4\rangle,\langle 2,1\rangle,\langle 2,2\rangle,\langle 2,3\rangle,$
$\qquad\qquad\qquad \langle 2,4\rangle,\langle 3,2\rangle,\langle 3,3\rangle,\langle 3,4\rangle,\langle 4,1\rangle,\langle 4,3\rangle,\langle 4,4\rangle\}$

$R_1\oplus R_2=\{\langle 3,1\rangle,\langle 4,1\rangle,\langle 4,2\rangle\}$

4.3.1 关系的复合运算

在日常生活中，如果关系 R 表示 a 是 b 的兄弟，关系 S 表示 b 是 c 的父亲，则会得出关系 T 表示 a 是 c 的叔叔或伯伯，称关系 T 是由关系 R 和 S 复合而得到的新关系；又如，关系 R' 表示 a 是 b 的父亲，关系 S' 表示 b 是 c 的父亲，则得出关系 T' 表示 a 是 c 的祖父，关系 T' 是由关系 R' 和 S' 复合而得到的新关系。

定义 4.9 设 R 是从 X 到 Y 的关系，S 是从 Y 到 Z 的关系，则 $R\circ S$ 称为 R 和 S 的复合关系，符号化表示为

$$R\circ S=\{\langle x,z\rangle\mid x\in X\wedge z\in Z\wedge\exists y(y\in Y\wedge xRy\wedge ySz)\}$$

从 R 和 S 求 $R\circ S$，称为关系的复合运算，也称关系的合成运算。

例 4.11 设 R 是由 $A=\{1,2,3,4\}$ 到 $B=\{2,3,4\}$ 的关系，S 是由 B 到 $C=\{3,5,6\}$ 的关系，分别定义为

$$R=\{\langle a,b\rangle\mid a+b=6\}=\{\langle 2,4\rangle,\langle 3,3\rangle,\langle 4,2\rangle\}$$
$$S=\{\langle b,c\rangle\mid b\text{ 整除 }c\}=\{\langle 2,6\rangle,\langle 3,3\rangle,\langle 3,6\rangle\}$$

于是复合关系 $R\circ S=\{\langle 3,3\rangle,\langle 3,6\rangle,\langle 4,6\rangle\}$。

通过例 4.11 能够看出，可以把关系看作是一种作用，如果 $\langle x,y\rangle\in R$ 且 $\langle y,z\rangle\in S$，那么 x 通过 R 的作用变到 y，y 接着通过 S 的作用又变到 z。也就是说，在 R 和 S 的复合作用下将 x 变到了 z，因此 $\langle x,z\rangle\in R\circ S$。这里的 y 起到了一个中介的作用，如果对于给定的关系 R 和 S，不存在满足这种条件的中介，那么 $R\circ S=\varnothing$。

复合运算是关系的二元运算，它能够由两个关系生成一个新的关系，以此类推。例如，

R 是从 X 到 Y 的关系，S 是从 Y 到 Z 的关系，P 是从 Z 到 W 的关系，则 $(R \circ S) \circ P$ 是从 X 到 W 的关系。

例 4.12 设 R_1 和 R_2 是集合 $A = \{0, 1, 2, 3\}$ 上的关系，$R_1 = \{\langle i, j \rangle | j = i + 1$ 或 $j = i/2\}$，$R_2 = \{\langle i, j \rangle | i = j + 2\}$，求 $R_1 \circ R_2$、$R_2 \circ R_1$、$(R_1 \circ R_2) \circ R_1$、$R_1 \circ (R_2 \circ R_1)$ 和 $(R_1 \circ R_1) \circ R_1$。

解 由题意知，$R_1 = \{\langle 0, 1 \rangle, \langle 1, 2 \rangle, \langle 2, 3 \rangle, \langle 0, 0 \rangle, \langle 2, 1 \rangle\}$，$R_2 = \{\langle 2, 0 \rangle, \langle 3, 1 \rangle\}$，则

$$R_1 \circ R_2 = \{\langle 1, 0 \rangle, \langle 2, 1 \rangle\}$$

$$R_2 \circ R_1 = \{\langle 2, 1 \rangle, \langle 2, 0 \rangle, \langle 3, 2 \rangle\}$$

$$(R_1 \circ R_2) \circ R_1 = \{\langle 1, 1 \rangle, \langle 1, 0 \rangle, \langle 2, 2 \rangle\}$$

$$R_1 \circ (R_2 \circ R_1) = \{\langle 1, 1 \rangle, \langle 1, 0 \rangle, \langle 2, 2 \rangle\}$$

$$R_1 \circ R_1 = \{\langle 0, 2 \rangle, \langle 0, 1 \rangle, \langle 1, 3 \rangle, \langle 1, 1 \rangle, \langle 0, 0 \rangle, \langle 2, 2 \rangle\}$$

$$(R_1 \circ R_1) \circ R_1 = \{\langle 0, 3 \rangle, \langle 0, 1 \rangle, \langle 0, 2 \rangle, \langle 1, 2 \rangle, \langle 0, 0 \rangle, \langle 2, 3 \rangle, \langle 2, 1 \rangle\}$$

另外还需要说明一点，我们定义的关系的复合运算是右复合运算。也就是说，$R \circ S$ 中的 R 是第一步作用，而右边的 S 是复合上去的第二步作用。有的书中采用了左复合的定义，符号化表示即为 $S \circ R = \{\langle x, z \rangle | x \in X \wedge z \in Z \wedge \exists y (y \in Y \wedge xRy \wedge ySz)\}$。左复合中，右边的 R 是第一步作用，而左边的 S 是复合上去的第二步作用。显然，两种定义的计算结果是不一样的。从理论上说，这两种定义都是合理的，正像交通规则一样，我们国家规定靠右行，而有些国家规定靠左行，只要自己的体系一致即可。

定理 4.2 设 R 是由集合 X 到 Y 的关系，则 $I_X \circ R = R \circ I_Y = R$。

定理 4.3 (1) 设 R_1、R_2 和 R_3 分别是从 X 到 Y、Y 到 Z 和 Z 到 W 的关系，则

$$(R_1 \circ R_2) \circ R_3 = R_1 \circ (R_2 \circ R_3)$$

即关系的复合运算满足结合律。

(2) 设 R_1 和 R_2 都是从 X 到 Y 的关系，S 是从 Y 到 Z 的关系，则

① $(R_1 \cup R_2) \circ S = (R_1 \circ S) \cup (R_2 \circ S)$；

② $(R_1 \cap R_2) \circ S \subseteq (R_1 \circ S) \cap (R_2 \circ S)$。

(3) 设 S 是从 X 到 Y 的关系，R_1 和 R_2 都是从 Y 到 Z 的关系，则

① $S \circ (R_1 \cup R_2) = (S \circ R_1) \cup (S \circ R_2)$；

② $S \circ (R_1 \cap R_2) \subseteq (S \circ R_1) \cap (S \circ R_2)$。

证明 这里只证明 (2)，其他证明类似。

① 因为

$$\forall \langle x, z \rangle \in (R_1 \cup R_2) \circ S$$

$$\Leftrightarrow \exists y (y \in Y \wedge \langle x, y \rangle \in R_1 \cup R_2 \wedge \langle y, z \rangle \in S)$$

$$\Leftrightarrow \exists y (y \in Y \wedge (\langle x, y \rangle \in R_1 \vee \langle x, y \rangle \in R_2) \wedge \langle y, z \rangle \in S)$$

$$\Leftrightarrow \exists y (y \in Y \wedge \langle x, y \rangle \in R_1 \wedge \langle y, z \rangle \in S)$$

$$\vee \exists y (y \in Y \wedge \langle x, y \rangle \in R_2) \wedge \langle y, z \rangle \in S)$$

$$\Leftrightarrow \langle x, z \rangle \in R_1 \circ S \vee \langle x, z \rangle \in R_2 \circ S$$

$$\Leftrightarrow \langle x, z \rangle \in (R_1 \circ S) \cup (R_2 \circ S)$$

所以 $(R_1 \bigcup R_2) \circ S = (R_1 \circ S) \bigcup (R_2 \circ S)$。

② 因为

$$\forall \langle x, z \rangle \in (R_1 \bigcap R_2) \circ S$$
$$\Leftrightarrow \exists y (y \in Y \land \langle x, y \rangle \in R_1 \bigcap R_2 \land \langle y, z \rangle \in S)$$
$$\Leftrightarrow \exists y (y \in Y \land \langle x, y \rangle \in R_1 \land \langle x, y \rangle \in R_2 \land \langle y, z \rangle \in S)$$
$$\Rightarrow \langle x, z \rangle \in R_1 \circ S \land \langle x, z \rangle \in R_2 \circ S$$
$$\Leftrightarrow \langle x, z \rangle \in (R_1 \circ S) \bigcap (R_2 \circ S)$$

所以 $(R_1 \bigcap R_2) \circ S \subseteq (R_1 \circ S) \bigcap (R_2 \circ S)$。

注意 一般来说，$(R_1 \bigcap R_2) \circ S \neq (R_1 \circ S) \bigcap (R_2 \circ S)$，而且关系的复合运算通常不满足交换律。

例如，在例 4.12 中，$R_1 \circ R_2 \neq R_2 \circ R_1$。

设 $X = \{a, b\}$，$Y = \{b, c\}$，$Z = \{c, d\}$，R_1 和 R_2 都是从 X 到 Y 的关系，S 是从 Y 到 Z 的关系，$R_1 = \{\langle a, b \rangle, \langle b, b \rangle\}$，$R_2 = \{\langle a, c \rangle, \langle b, b \rangle\}$，$S = \{\langle b, d \rangle, \langle c, d \rangle\}$，则 $(R_1 \bigcap R_2) \circ S = \{\langle b, d \rangle\}$，而 $(R_1 \circ S) \bigcap (R_2 \circ S) = \{\langle a, d \rangle, \langle b, d \rangle\}$，因此 $(R_1 \bigcap R_2) \circ S \subseteq (R_1 \circ S) \bigcap (R_2 \circ S)$，但 $(R_1 \bigcap R_2) \circ S \neq (R_1 \circ S) \bigcap (R_2 \circ S)$。

由于关系的复合运算满足结合律，故 $(R_1 \circ R_2) \circ R_3 = R_1 \circ (R_2 \circ R_3)$ 可以写成 $R_1 \circ R_2 \circ R_3$。一般地，若 R_1 是由 A_1 到 A_2 的关系，R_2 是由 A_2 到 A_3 的关系，$\cdots$，R_n 是由 A_n 到 A_{n+1} 的关系，则不加括号的表达式 $R_1 \circ R_2 \circ \cdots \circ R_n$ 唯一地表示由 A_1 到 A_{n+1} 的关系，在计算这一关系时，可以运用结合律将其中任意两个相邻的关系先结合。特别地，当 $A_1 = A_2 = \cdots = A_{n+1} = A$，$R_1 = R_2 = \cdots = R_n = R$，即 R 是集合 A 上的关系时，复合关系 $R_1 \circ R_2 \circ \cdots \circ R_n = R \circ R \circ \cdots \circ R$（$n$ 个 R 复合），简记为 R^n，它也是集合 A 上的一个关系。

我们规定 $R^0 = I_A$，$R^1 = R$，$\cdots$，$R^{n+1} = R^n \circ R$（n 为自然数）。

4.3.2 复合关系的矩阵表示和图形表示

因为关系可用矩阵表示，所以复合关系也可用矩阵表示。

已知从集合 $X = \{x_1, x_2, \cdots, x_m\}$ 到集合 $Y = \{y_1, y_2, \cdots, y_n\}$ 上的关系为 R，关系矩阵 $\boldsymbol{M}_R = [u_{ij}]_{m \times n}$，从集合 $Y = \{y_1, y_2, \cdots, y_n\}$ 到集合 $Z = \{z_1, z_2, \cdots, z_p\}$ 的关系为 S，关系矩阵 $\boldsymbol{M}_S = [v_{ij}]_{n \times p}$，则表示复合关系 $R \circ S$ 的矩阵 $\boldsymbol{M}_{R \circ S}$ 可构造如下：

若 $\exists y_j \in Y$，使得 $\langle x_i, y_j \rangle \in R$ 且 $\langle y_j, z_k \rangle \in S$，则 $\langle x_i, z_k \rangle \in R \circ S$。在集合 Y 中能够满足这样条件的元素可能不止 y_j 一个，例如另有 $y_{j'}$ 也满足 $\langle x_i, y_{j'} \rangle \in R$ 且 $\langle y_{j'}, z_k \rangle \in S$。在所有这样的情况下，$\langle x_i, z_k \rangle \in R \circ S$ 都是成立的。这样，当我们扫描 $\boldsymbol{M}_R$ 的第 i 行和 $\boldsymbol{M}_S$ 的第 k 列时，若发现至少有一个这样的 j，使得 $\boldsymbol{M}_R$ 的第 i 行第 j 个位置上的记入值和 $\boldsymbol{M}_S$ 的第 k 列第 j 个位置上的记入值都是 1，则 $\boldsymbol{M}_{R \circ S}$ 的第 i 行第 k 列上的记入值为 1，否则就为 0。因此，$\boldsymbol{M}_{R \circ S}$ 可以用类似于矩阵乘法的方法得到，即

$$\boldsymbol{M}_{R \circ S} = \boldsymbol{M}_R \circ \boldsymbol{M}_S = [w_{ik}]_{m \times p}$$

其中 $w_{ik} = \bigvee\limits_{j=1}^{n} (u_{ij} \land v_{jk})$。"$\bigvee$"代表逻辑加，满足 $0 \lor 0 = 0$，$0 \lor 1 = 1$，$1 \lor 0 = 1$，$1 \lor 1 = 1$；"$\land$"代表逻辑乘，满足 $0 \land 0 = 0$，$0 \land 1 = 0$，$1 \land 0 = 0$，$1 \land 1 = 1$。

例 4.13　设有集合 $A=\{1,2,3,4\}$，$B=\{2,3,4\}$，$C=\{1,2,3\}$，A 到 B 的关系 $\rho_1=\{\langle 1,2\rangle,\langle 2,4\rangle,\langle 3,3\rangle,\langle 4,2\rangle\}$，$B$ 到 C 的关系 $\rho_2=\{\langle 2,1\rangle,\langle 3,2\rangle,\langle 4,1\rangle,\langle 4,3\rangle\}$，求 $\rho_1\circ\rho_2$ 的关系矩阵。

解

$$M_{\rho_1}=\begin{matrix}&2&3&4\\1\\2\\3\\4\end{matrix}\begin{bmatrix}1&0&0\\0&0&1\\0&1&0\\1&0&0\end{bmatrix},\quad M_{\rho_2}=\begin{matrix}&1&2&3\\2\\3\\4\end{matrix}\begin{bmatrix}1&0&0\\0&1&0\\1&0&1\end{bmatrix},\quad M_{\rho_1\circ\rho_2}=\begin{matrix}&1&2&3\\1\\2\\3\\4\end{matrix}\begin{bmatrix}1&0&0\\1&0&1\\0&1&0\\1&0&0\end{bmatrix}$$

根据题意，$\rho_1\circ\rho_2=\{\langle 1,1\rangle,\langle 2,1\rangle,\langle 2,3\rangle,\langle 3,2\rangle,\langle 4,1\rangle\}$。对比 $\rho_1\circ\rho_2$ 的结果和关系矩阵可知 $M_{\rho_1\circ\rho_2}=M_{\rho_1}\circ M_{\rho_2}$。

因为关系可用图形表示，所以复合关系也可用图形表示。

例 4.14　例 4.11 中的两个关系 R 与 S 的复合 $R\circ S$ 很容易通过图 4.3 所示的关系图得到。

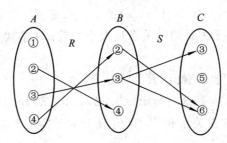

图 4.3　关系的复合运算

由图 4.3 立即可得 $R\circ S=\{\langle 3,3\rangle,\langle 3,6\rangle,\langle 4,6\rangle\}$。

我们还可以利用关系图求复合关系 ρ^n。

设 ρ 是有限集 A 上的关系，则复合关系 ρ^2 也是 A 上的关系，由复合关系的定义，对于任意的 a_i，$a_j\in A$，当且仅当 $a_k\in A$ 存在，使得 $a_i\rho a_k$ 且 $a_k\rho a_j$ 时，有 $a_i\rho^2 a_j$。

反映在关系图上，这意味着，当且仅当在 ρ 的关系图中有某一结点 a_k 存在，使得有边由 a_i 指向 a_k，且有边由 a_k 指向 a_j 时，在 ρ^2 的关系图中有边由 a_i 指向 a_j。

类似地，对于任意正整数 n，当且仅当在 ρ 的关系图中存在 $n-1$ 个结点 a_{k_1}，a_{k_2}，$\cdots$，$a_{k_{n-1}}$，使得有边由 a_i 指向 a_{k_1}，由 a_{k_1} 指向 a_{k_2}，$\cdots$，由 $a_{k_{n-1}}$ 指向 a_j 时，在 ρ^n 的关系图中，有边由结点 a_i 指向 a_j。

根据 ρ 的关系图按照如下过程构造出 ρ^n 的关系图：

对于 ρ 的关系图中的每一结点 a_i，找出从 a_i 经过长为 n 的路能够到达的结点，这些结点在 ρ^n 的关系图中，边必须由 a_i 指向它们。

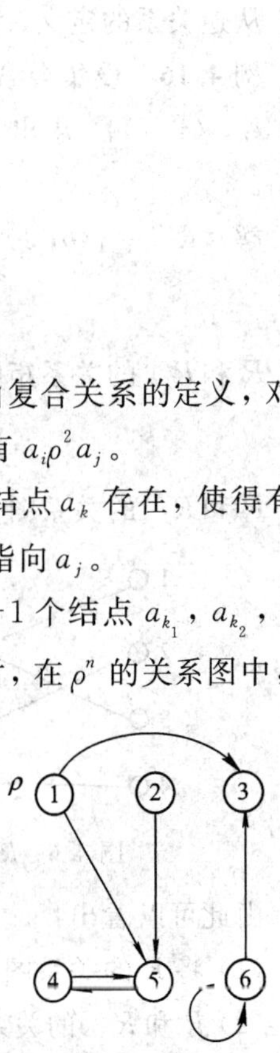

例 4.15　图 4.4 给出了集合 $A=\{1,2,3,4,5,6\}$ 上的关系 ρ 的关系图，试画出关系 ρ^5 和 ρ^8 的关系图。

图 4.4　ρ 的关系图

解　ρ^5 和 ρ^8 的关系图如图 4.5 所示。

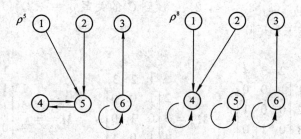

图 4.5　ρ^5 和 ρ^8 的关系图

4.3.3　关系的逆运算

关系是序偶的集合，由于序偶的有序性，关系还有一些特殊的运算。

定义 4.10　设 R 是从集合 X 到 Y 的二元关系，若将 R 中每一序偶的元素顺序互换，得到的就是集合 Y 到 X 的关系，称为 R 的逆关系，记为 R^{-1}，符号化表示为

$$R^{-1} = \{\langle y, x\rangle \mid \langle x, y\rangle \in R\}$$

例如，在实数集上，小于关系的逆关系是大于关系；在整数集上，整除关系的逆关系是倍数关系。

从逆关系的定义，我们容易看出 $(R^{-1})^{-1} = R$。

例 4.16　设集合 $A = \{1, 2, 3, 4\}$，$B = \{a, b, c\}$，A 到 B 的关系 $R = \{\langle 1, b\rangle, \langle 2, c\rangle, \langle 3, a\rangle, \langle 4, c\rangle\}$，求出 R 的逆关系 R^{-1}，写出 R 和 R^{-1} 的关系矩阵并画出 R 和 R^{-1} 的关系图。

解　$R^{-1} = \{\langle b, 1\rangle, \langle c, 2\rangle, \langle a, 3\rangle, \langle c, 4\rangle\}$；

R 和 R^{-1} 的关系矩阵分别为 $\boldsymbol{M}_R = \begin{bmatrix} 0 & 1 & 0 \\ 0 & 0 & 1 \\ 1 & 0 & 0 \\ 0 & 0 & 1 \end{bmatrix}$，$\boldsymbol{M}_{R^{-1}} = \begin{bmatrix} 0 & 0 & 1 & 0 \\ 1 & 0 & 0 & 0 \\ 0 & 1 & 0 & 1 \end{bmatrix}$；

R 和 R^{-1} 的关系图分别如图 4.6 和图 4.7 所示。

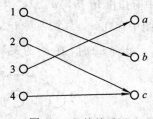

图 4.6　R 的关系图

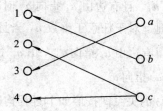

图 4.7　R^{-1} 的关系图

由此可以看出：

(1) 将 R 的关系图中有向边的方向变成相反方向即得 R^{-1} 的关系图，反之亦然；

(2) R 和 R^{-1} 的关系矩阵互为转置矩阵；

(3) $\mathrm{dom}\, R^{-1} = \mathrm{ran}\, R$，$\mathrm{dom}\, R = \mathrm{ran}\, R^{-1}$；

(4) $|R| = |R^{-1}|$。

定理 4.4 设 R、R_1 和 R_2 都是从 X 到 Y 的二元关系，则下列各式成立：

(1) $(R_1 \cup R_2)^{-1} = R_1^{-1} \cup R_2^{-1}$；

(2) $(R_1 \cap R_2)^{-1} = R_1^{-1} \cap R_2^{-1}$；

(3) $(X \times Y)^{-1} = Y \times X$；

(4) $(\overline{R})^{-1} = \overline{R^{-1}}$（这里 $\overline{R} = X \times Y - R$）；

(5) $(R_1 - R_2)^{-1} = R_1^{-1} - R_2^{-1}$。

证明 这里只证明 (1)、(4) 和 (5)，(2) 和 (3) 的证明请读者自己完成。

(1) $\langle x, y \rangle \in (R_1 \cup R_2)^{-1} \Leftrightarrow \langle y, x \rangle \in R_1 \cup R_2 \Leftrightarrow \langle y, x \rangle \in R_1 \vee \langle y, x \rangle \in R_2$
$$\Leftrightarrow \langle x, y \rangle \in R_1^{-1} \vee \langle x, y \rangle \in R_2^{-1} \Leftrightarrow \langle x, y \rangle \in R_1^{-1} \cup R_2^{-1}$$

(4) $\langle x, y \rangle \in (\overline{R})^{-1} \Leftrightarrow \langle y, x \rangle \in \overline{R} \Leftrightarrow \langle y, x \rangle \notin R \Leftrightarrow \langle x, y \rangle \notin R^{-1} \Leftrightarrow \langle x, y \rangle \in \overline{R^{-1}}$

(5) 因为 $R_1 - R_2 = R_1 \cap \overline{R_2}$，故有

$$(R_1 - R_2)^{-1} = (R_1 \cap \overline{R_2})^{-1} = R_1^{-1} \cap (\overline{R_2})^{-1} = R_1^{-1} \cap \overline{R_2^{-1}} = R_1^{-1} - R_2^{-1}$$

定理 4.5 设 R 是从 X 到 Y 的关系，S 是从 Y 到 Z 的关系，则

(1) $(R \circ S)^{-1} = S^{-1} \circ R^{-1}$；

(2) $R_1 \subseteq R_2 \Leftrightarrow R_1^{-1} \subseteq R_2^{-1}$。

证明 这里只证明 (1)，(2) 的证明请读者自己完成。

(1) 因为

$$\langle z, x \rangle \in (R \circ S)^{-1}$$
$$\Leftrightarrow \langle x, z \rangle \in R \circ S$$
$$\Leftrightarrow \exists y (y \in Y \wedge \langle x, y \rangle \in R \wedge \langle y, z \rangle \in S)$$
$$\Leftrightarrow \exists y (y \in Y \wedge \langle y, x \rangle \in R^{-1} \wedge \langle z, y \rangle \in S^{-1})$$
$$\Leftrightarrow \langle z, x \rangle \in S^{-1} \circ R^{-1}$$

所以 $(R \circ S)^{-1} = S^{-1} \circ R^{-1}$。

4.4 关系的性质

一个集合上可以定义很多不同的关系，但真正有实际意义的只是其中的一小部分，这些关系一般具有某些性质。本节讨论集合 X 上的二元关系 R 的一些特殊性质。

4.4.1 关系的性质

定义 4.11 设 R 是定义在集合 X 上的二元关系。

(1) 如果对于每一个 $x \in X$，都有 xRx，则称 R 是自反的，符号化表示为
$$R \text{ 在 } X \text{ 上自反} \Leftrightarrow \forall x (x \in X \rightarrow xRx)$$

(2) 如果对于每一个 $x \in X$，都有 $x\overline{R}x$，则称 R 是反自反的，符号化表示为
$$R \text{ 在 } X \text{ 上反自反} \Leftrightarrow \forall x (x \in X \rightarrow x\overline{R}x)$$

(3) 如果对于任意 $x, y \in X$，若 xRy，就有 yRx，则称 R 是对称的，符号化表示为

$$R \text{ 在 } X \text{ 上对称} \Leftrightarrow \forall x \forall y(x \in X \land y \in X \land xRy \rightarrow yRx)$$

（4）如果对于任意 $x, y \in X$，若 xRy 且 yRx，必有 $x = y$，则称 R 在 X 上是反对称的，符号化表示为

$$R \text{ 在 } X \text{ 上反对称} \Leftrightarrow \forall x \forall y(x \in X \land y \in X \land xRy \land yRx \rightarrow x = y)$$

（5）如果对于任意 $x, y, z \in X$，若 xRy 且 yRz，必有 xRz，则称 R 在 X 上是可传递的，符号化表示为

$$R \text{ 在 } X \text{ 上可传递} \Leftrightarrow \forall x \forall y \forall z(x \in X \land y \in X \land z \in X \land xRy \land yRz \rightarrow xRz)$$

例 4.17 设 $A = \{1, 2, 3\}$，则集合 A 上的关系：

$R_1 = \{\langle 1, 1 \rangle, \langle 2, 2 \rangle, \langle 2, 1 \rangle, \langle 3, 3 \rangle\}$ 是自反而不是反自反的关系；

$R_2 = \{\langle 1, 2 \rangle, \langle 1, 3 \rangle, \langle 2, 1 \rangle, \langle 2, 3 \rangle\}$ 是反自反而不是自反的关系；

$R_3 = \{\langle 1, 1 \rangle, \langle 1, 3 \rangle, \langle 2, 1 \rangle, \langle 2, 3 \rangle\}$ 既不是自反也不是反自反的关系；

$R_4 = \{\langle 1, 1 \rangle, \langle 1, 3 \rangle, \langle 3, 1 \rangle, \langle 2, 3 \rangle, \langle 3, 2 \rangle\}$ 是对称而不是反对称的关系；

$R_5 = \{\langle 1, 1 \rangle, \langle 1, 3 \rangle, \langle 2, 1 \rangle, \langle 2, 3 \rangle\}$ 是反对称而不是对称的关系；

$R_6 = \{\langle 1, 1 \rangle, \langle 2, 2 \rangle, \langle 3, 3 \rangle\}$ 是既对称也反对称的关系；

$R_7 = \{\langle 1, 2 \rangle, \langle 2, 3 \rangle, \langle 3, 2 \rangle\}$ 是既不对称也不反对称的关系；

$R_8 = \{\langle 1, 1 \rangle, \langle 1, 2 \rangle, \langle 2, 1 \rangle, \langle 2, 2 \rangle\}$ 和 $R_9 = \{\langle 1, 2 \rangle, \langle 3, 2 \rangle\}$ 是可传递的关系；

$R_{10} = \{\langle 1, 2 \rangle, \langle 2, 3 \rangle, \langle 1, 3 \rangle, \langle 2, 1 \rangle\}$ 是不可传递的关系，因为 $\langle 1, 2 \rangle \in R_{10}$，$\langle 2, 1 \rangle \in R_{10}$，但 $\langle 1, 1 \rangle \notin R_{10}$。

由定义 4.11 及例 4.17 可知：

（1）对任意一个关系 R，若 R 自反则它一定不反自反，若 R 反自反则它也一定不自反；但 R 不自反，它未必反自反，若 R 不反自反，也未必自反。

（2）存在着既对称也反对称的关系。

例 4.18 设 $A = \{1, 2, 3, 4, 5\}$，集合 A 上的关系 $\rho = \{\langle a, b \rangle | a - b \text{ 是偶数}\}$，则 ρ 是自反而不是反自反、是对称而不是反对称的关系。

对于任意的 $a, b, c \in A$，$a - b = 2m$，$b - c = 2n$，则 $a - c = (a - b) + (b - c) = 2(m + n)$ 也是偶数。因此，ρ 是可传递的。

例 4.19 设 $\rho_1 = \{\langle a, b \rangle | a, b \in \mathbf{R}, \text{ 且 } a \leqslant b\}$，则 ρ_1 是自反的、反对称的、可传递的；

设 $\rho_2 = \{\langle a, b \rangle | a, b \in \mathbf{R}, \text{ 且 } a = b\}$，则 ρ_2 是自反的、对称的、反对称的、可传递的；

设 $\rho_3 = \{\langle a, b \rangle | a, b \in \mathbf{N}, \text{ 且 } a | b\}$，则 ρ_3 是自反的、反对称的、可传递的；

设 $\rho_4 = \{\langle a, b \rangle | a, b \text{ 是人，且 } a \text{ 是 } b \text{ 的祖先}\}$，则 ρ_4 是反自反的、反对称的、可传递的；

设 $\rho_5 = \{\langle a, b \rangle | a, b \text{ 是人，且 } a \text{ 是 } b \text{ 的父亲}\}$，则 ρ_5 是反自反的、反对称的。

4.4.2　关系性质的判定方法

例 4.20 集合 $A = \{1, 2, 3, 4\}$，A 上的关系 R 的关系矩阵为

$$\boldsymbol{M}_R = \begin{bmatrix} 1 & 0 & 1 & 0 \\ 0 & 1 & 0 & 0 \\ 1 & 0 & 1 & 1 \\ 0 & 0 & 1 & 1 \end{bmatrix}$$

R 的关系图如图 4.8 所示，讨论 R 的性质。

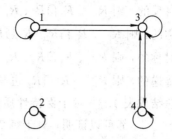

图 4.8 例 4.20 的关系图

解 从 R 的关系矩阵和关系图容易看出，R 是自反的、对称的。

关系的性质通过集合表达式以及在关系矩阵和关系图中的判定方法如表 4.2 所示。

表 4.2 关系性质的判定方法

表 示	性 质				
	自反性	反自反性	对称性	反对称性	可传递性
集合表达式	$I_A \subseteq R$	$R \cap I_A = \varnothing$	$R = R^{-1}$	$R \cap R^{-1} \subseteq I_A$	$R \circ R \subseteq R$
关系矩阵	主对角线上元素全是 1	主对角线上元素全是 0	矩阵为对称矩阵	如果 $r_{ij}=1$ 且 $i \neq j$，则 $r_{ji}=0$	在 $\boldsymbol{M}_R^2$ 中 1 所在位置，在 $\boldsymbol{M}_R$ 中相应位置也为 1
关系图	每个结点上都有环	每个结点上都没有环	如果两个结点之间有边，一定是一对方向相反的边（无单边）	如果两个结点之间有边，一定是一条有向边（无双向边）	如果结点 x_i 到 x_j 之间有边，x_j 到 x_k 之间有边，则 x_i 到 x_k 之间也有边

从表 4.2 可以看出，传递关系的特征比较复杂，不易从关系矩阵和关系图中直接判定。

例 4.21 集合 $A = \{1, 2, 3\}$ 上的关系 R、S、T 的关系图如图 4.9 所示，判定它们的性质。

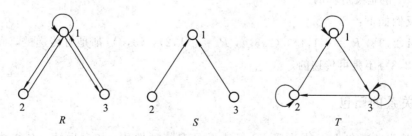

图 4.9 例 4.21 的关系图

解 R 是对称的；S 是反自反、反对称、可传递的；T 是自反、反对称的。

下面考虑关系的性质和运算的联系。设 R_1 和 R_2 都是集合 A 上的关系，可以证明以下命题：

(1) 如果 R_1 和 R_2 都是自反的，则 R_1^{-1}、$R_1 \cap R_2$、$R_1 \cup R_2$、$R_1 \circ R_2$ 也是自反的。

(2) 如果 R_1 和 R_2 都是反自反的，则 R_1^{-1}、$R_1 \cap R_2$、$R_1 \cup R_2$、$R_1 - R_2$ 也是反自反的。

(3) 如果 R_1 和 R_2 都是对称的，则 R_1^{-1}、$R_1 \cap R_2$、$R_1 \cup R_2$、$R_1 - R_2$ 也是对称的。

(4) 如果 R_1 和 R_2 都是反对称的，则 R_1^{-1}、$R_1 \cap R_2$、$R_1 - R_2$ 也是反对称的。

(5) 如果 R_1 和 R_2 都是可传递的，则 R_1^{-1}、$R_1 \cap R_2$ 也是可传递的。

关于这些命题的结论可以总结成表 4.3。对于保持性质的命题，就在表中相应的位置打"√"，否则打"×"。对于每个"√"，都可以证明；对于每个"×"，都可举出反例。

表 4.3　关系性质和运算的联系

运　算	性　　质				
	自反性	反自反性	对称性	反对称性	传递性
R_1^{-1}	√	√	√	√	√
$R_1 \cap R_2$	√	√	√	√	√
$R_1 \cup R_2$	√	√	√	×	×
$R_1 - R_2$	×	√	√	√	×
$R_1 \circ R_2$	√	×	×	×	×

通过表 4.3 可以看出，关系的逆运算与交运算具有较好的保守性，而并运算、差运算和复合运算的保守性较差。

例 4.22　(1) 证明：如果 R_1 和 R_2 都是反对称的，则 $R_1 \cap R_2$ 也是反对称的。

(2) 设 R_1 和 R_2 都是可传递的，举出反例说明 $R_1 \circ R_2$ 不一定是可传递的。

解　(1) 证明：任取 $\langle x, y \rangle$，$\langle y, x \rangle$，则有

$$\langle x, y \rangle \in R_1 \cap R_2 \wedge \langle y, x \rangle \in R_1 \cap R_2$$
$$\Rightarrow \langle x, y \rangle \in R_1 \wedge \langle x, y \rangle \in R_2 \wedge \langle y, x \rangle \in R_1 \wedge \langle y, x \rangle \in R_2$$
$$\Rightarrow \langle x, y \rangle \in R_1 \wedge \langle y, x \rangle \in R_1$$
$$\Rightarrow x = y$$

因此 $R_1 \cap R_2$ 也是反对称的。

(2) 反例如下：

$A = \{1, 2, 3\}$，$R_1 = \{\langle 1, 1 \rangle, \langle 2, 3 \rangle\}$，$R_2 = \{\langle 1, 2 \rangle, \langle 3, 3 \rangle\}$ 都是可传递的，而 $R_1 \circ R_2 = \{\langle 1, 2 \rangle, \langle 2, 3 \rangle\}$ 不是可传递的。

4.4.3　关系的闭包

设 R 是非空集合 A 上的关系，R 可能不具有某种性质，如自反性、对称性或可传递性。有时候需要 R 具有某种性质，因此，可以通过关系的闭包运算，在 R 中增加最少的序偶构成新的关系 R'，使 R' 具有所需的性质。

例如，设 $A = \{a, b, c\}$，A 上的二元关系 $R = \{\langle a, a \rangle, \langle a, b \rangle, \langle b, c \rangle, \langle c, c \rangle\}$，则 A 上含 R 且最小的自反关系是 $r(R) = R \cup \{\langle b, b \rangle\}$；$A$ 上含 R 且最小的对称关系是 $s(R) =$

$R \cup \{\langle b, a \rangle, \langle c, b \rangle\}$；$A$ 上含 R 且最小的可传递关系是 $t(R) = R \cup \{\langle a, c \rangle\}$。

定义 4.12　设 R 是 X 上的二元关系，如果有另一个 X 上的关系 R' 满足：

(1) R' 是自反的（对称的、可传递的）；

(2) $R' \supseteq R$；

(3) 对于任何 X 上的自反的（对称的、可传递的）关系 R''，若 $R'' \supseteq R$，就有 $R'' \supseteq R'$，则称关系 R' 为 R 的自反（对称、传递）闭包，记为 $r(R)$（$s(R)$、$t(R)$）。

显然，自反（对称、传递）闭包是包含 R 的最小自反（对称、可传递）关系。如果 R 已经是自反（对称、可传递）的，则包含 R 的且具有这种性质的最小关系就是 R 本身。

定理 4.6　设 R 是 X 上的二元关系，那么

(1) R 是自反的，当且仅当 $r(R) = R$；

(2) R 是对称的，当且仅当 $s(R) = R$；

(3) R 是可传递的，当且仅当 $t(R) = R$。

证明　这里只证明(1)，(2)、(3)的证明完全类似。

(1) 若 R 是自反的，$R \supseteq R$，对任何包含 R 的自反关系 R''，有 $R'' \supseteq R$，故 $r(R) = R$；若 $r(R) = R$，根据闭包定义，R 必是自反的。

下面讨论由给定关系 R 构造其闭包的方法。

定理 4.7　设 R 是集合 X 上的二元关系，则

(1) $r(R) = R \cup I_X$；

(2) $s(R) = R \cup R^{-1}$；

(3) $t(R) = \bigcup\limits_{i=1}^{\infty} R^i = R \cup R^2 \cup R^3 \cup \cdots$。

证明　(1) 令 $R' = R \cup I_X$，$\forall x \in X$，因为 $\langle x, x \rangle \in I_X$，故 $\langle x, x \rangle \in R'$，于是 R' 在 X 上是自反的。

又 $R \subseteq R \cup I_X$，即 $R \subseteq R'$。若有自反关系 R'' 且 $R'' \supseteq R$，则有 $R'' \supseteq I_X$，于是 $R'' \supseteq R \cup I_X = R'$，所以 $r(R) = R \cup I_X$。

(2) 令 $R' = R \cup R^{-1}$，因为 $(R \cup R^{-1})^{-1} = R^{-1} \cup (R^{-1})^{-1} = R^{-1} \cup R = R \cup R^{-1}$，所以 R' 是对称的。

若 R'' 是对称的且 $R'' \supseteq R$，$\forall \langle x, y \rangle \in R'$，则 $\langle x, y \rangle \in R$ 或 $\langle x, y \rangle \in R^{-1}$。

当 $\langle x, y \rangle \in R$ 时，$\langle x, y \rangle \in R''$；当 $\langle x, y \rangle \in R^{-1}$ 时，$\langle y, x \rangle \in R$，$\langle y, x \rangle \in R''$，$\langle x, y \rangle \in R''$。因此 $R' \subseteq R''$，故 $s(R) = R \cup R^{-1}$。

(3) 令 $R' = \bigcup\limits_{i=1}^{\infty} R^i$，先证 R' 是可传递的。

$\forall \langle x, y \rangle \in R'$，$\langle y, z \rangle \in R'$，则存在自然数 k、l，有 $\langle x, y \rangle \in R^k$，$\langle y, z \rangle \in R^l$，因此 $\langle x, z \rangle \in R^{k+l} \subseteq \bigcup\limits_{i=1}^{\infty} R^i$，所以，$R'$ 是可传递的。

显然，$R' \supseteq R$。若有传递关系 R'' 且 $R'' \supseteq R$，$\forall \langle x, y \rangle \in R'$，存在自然数 m，有 $\langle x, y \rangle \in R^m$，则 $\exists a_i \in X (i = 1, 2, \cdots, m-1)$，使得 $\langle x, a_1 \rangle, \langle a_1, a_2 \rangle, \cdots, \langle a_{m-1}, y \rangle \in R$，因此 $\langle x, a_1 \rangle$，$\langle a_1, a_2 \rangle, \cdots, \langle a_{m-1}, y \rangle \in R''$。由于 R'' 是可传递关系，则 $\langle x, y \rangle \in R''$，所以 $R'' \supseteq R'$。故

$$t(R) = \bigcup_{i=1}^{\infty} R^i。$$

可以直接使用这 3 个公式来计算关系 R 的闭包。对于有限集合 X 上的关系 R，R 的不同的幂只有有限个，可以证明，$t(R) = \bigcup_{i=1}^{k} R^i$，其中 k 不超过集合 X 元素的个数 n。因此，一般地，取 $t(R) = \bigcup_{i=1}^{n} R^i$。

例 4.23 设 $X = \{x, y, z\}$，R 是 X 上的二元关系，$R = \{\langle x, y \rangle, \langle y, z \rangle, \langle z, x \rangle\}$，求 $r(R)$、$s(R)$、$t(R)$。

解 $r(R) = R \cup I_X = \{\langle x, y \rangle, \langle y, z \rangle, \langle z, x \rangle, \langle x, x \rangle, \langle y, y \rangle, \langle z, z \rangle\}$

$s(R) = R \cup R^{-1} = \{\langle x, y \rangle, \langle y, z \rangle, \langle z, x \rangle, \langle y, x \rangle, \langle z, y \rangle, \langle x, z \rangle\}$

为了求得 $t(R)$，先写出

$$\boldsymbol{M}_R = \begin{bmatrix} 0 & 1 & 0 \\ 0 & 0 & 1 \\ 1 & 0 & 0 \end{bmatrix}$$

$$\boldsymbol{M}_{R^2} = \begin{bmatrix} 0 & 1 & 0 \\ 0 & 0 & 1 \\ 1 & 0 & 0 \end{bmatrix}^2 = \begin{bmatrix} 0 & 0 & 1 \\ 1 & 0 & 0 \\ 0 & 1 & 0 \end{bmatrix}$$

即 $R^2 = \{\langle x, z \rangle, \langle y, x \rangle, \langle z, y \rangle\}$；

$$\boldsymbol{M}_{R^3} = \boldsymbol{M}_R^2 \circ \boldsymbol{M}_R = \begin{bmatrix} 0 & 0 & 1 \\ 1 & 0 & 0 \\ 0 & 1 & 0 \end{bmatrix} \circ \begin{bmatrix} 0 & 1 & 0 \\ 0 & 0 & 1 \\ 1 & 0 & 0 \end{bmatrix} = \begin{bmatrix} 1 & 0 & 0 \\ 0 & 1 & 0 \\ 0 & 0 & 1 \end{bmatrix}$$

即 $R^3 = \{\langle x, x \rangle, \langle y, y \rangle, \langle z, z \rangle\}$；

$$\boldsymbol{M}_{R^4} = \boldsymbol{M}_{R^3} \circ \boldsymbol{M}_R = \begin{bmatrix} 1 & 0 & 0 \\ 0 & 1 & 0 \\ 0 & 0 & 1 \end{bmatrix} \circ \begin{bmatrix} 0 & 1 & 0 \\ 0 & 0 & 1 \\ 1 & 0 & 0 \end{bmatrix} = \begin{bmatrix} 0 & 1 & 0 \\ 0 & 0 & 1 \\ 1 & 0 & 0 \end{bmatrix}$$

即 $R^4 = \{\langle x, y \rangle, \langle y, z \rangle, \langle z, x \rangle\} = R$；$R^5 = R^4 \circ R = R^2$。

继续这个运算，有

$$R = R^4 = \cdots = R^{3n+1}$$
$$R^2 = R^5 = \cdots = R^{3n+2}$$
$$R^3 = R^6 = \cdots = R^{3n+3} (n = 1, 2, \cdots)$$

因此

$$t(R) = \bigcup_{i=1}^{\infty} R^i = R \cup R^2 \cup R^3 \cup \cdots = R \cup R^2 \cup R^3$$

$$= \{\langle x, y \rangle, \langle y, z \rangle, \langle z, x \rangle, \langle x, z \rangle, \langle y, x \rangle, \langle z, y \rangle, \langle x, x \rangle, \langle y, y \rangle, \langle z, z \rangle\}$$

例 4.24 设 $A = \{a, b, c\}$，给定 A 上的关系 $R = \{\langle a, a \rangle, \langle a, b \rangle, \langle b, c \rangle, \langle c, c \rangle\}$，求 $t(R)$。

解 因为 $t(R) = \bigcup_{i=1}^{3} R^i$，又

$$M_R = \begin{bmatrix} 1 & 1 & 0 \\ 0 & 0 & 1 \\ 0 & 0 & 1 \end{bmatrix}$$

$$M_{R^2} = \begin{bmatrix} 1 & 1 & 0 \\ 0 & 0 & 1 \\ 0 & 0 & 1 \end{bmatrix}^2 = \begin{bmatrix} 1 & 1 & 1 \\ 0 & 0 & 1 \\ 0 & 0 & 1 \end{bmatrix}$$

$$M_{R^3} = \begin{bmatrix} 1 & 1 & 1 \\ 0 & 0 & 1 \\ 0 & 0 & 1 \end{bmatrix} \circ \begin{bmatrix} 1 & 1 & 0 \\ 0 & 0 & 1 \\ 0 & 0 & 1 \end{bmatrix} = \begin{bmatrix} 1 & 1 & 1 \\ 0 & 0 & 1 \\ 0 & 0 & 1 \end{bmatrix}$$

所以

$$M_{t(R)} = \begin{bmatrix} 1 & 1 & 1 \\ 0 & 0 & 1 \\ 0 & 0 & 1 \end{bmatrix}$$

即 $t(R) = \{\langle a,a \rangle, \langle a,b \rangle, \langle a,c \rangle, \langle b,c \rangle, \langle c,c \rangle\}$。

通常用 R^+ 表示 R 的传递闭包 $t(R)$，并读作"R 加"；用 R^* 表示 R 的自反传递闭包 $tr(R)$，并读作"R 星"。在研究形式语言和编译程序设计时，经常使用星的和加的闭包运算。

从一种性质的闭包关系出发，求取另一种性质的闭包关系，具有以下运算律：

定理 4.8 设 R 是集合 X 上的二元关系，则

(1) $rs(R) = sr(R)$；

(2) $rt(R) = tr(R)$；

(3) $ts(R) \supseteq st(R)$。

证明 这里只证明 (1)、(2)，(3) 的证明请读者自己完成。

(1) $sr(R) = s(r(R)) = s(I_X \bigcup R) = (I_X \bigcup R) \bigcup (I_X \bigcup R)^{-1}$

$\qquad = (I_X \bigcup R) \bigcup (I_X^{-1} \bigcup R^{-1})$

$\qquad = I_X \bigcup R \bigcup R^{-1}$

$\qquad = I_X \bigcup s(R) = r(s(R)) = rs(R)$

这里，$I_X^{-1} = I_X$。

(2) $tr(R) = t(I_X \bigcup R) = \bigcup\limits_{i=1}^{\infty} (I_X \bigcup R)^i = \bigcup\limits_{i=1}^{\infty} (I_X \bigcup \bigcup\limits_{j=1}^{i} R^j)$

$\qquad = I_X \bigcup \bigcup\limits_{i=1}^{\infty} \bigcup\limits_{j=1}^{i} R^j = I_X \bigcup \bigcup\limits_{i=1}^{\infty} R^i = I_X \bigcup t(R) = r(t(R))$

$\qquad = rt(R)$

这里，$I_X \circ R = R \circ I_X = R$，$I_X^k = I_X (k = 1, 2, \cdots)$。

4.5 等价关系与划分

等价关系是一类重要的二元关系，利用等价关系可以对一些对象进行分类。在讨论等价关系之前，先引入两个概念——集合的划分与覆盖。

4.5.1 集合的划分与覆盖

在对集合的研究中，有时需要将一个集合分成若干个子集加以讨论。

定义 4.13 设 A 是非空集合，A 的子集的集合 $S=\{A_1, A_2, \cdots, A_m\}$，其中 $A_i \subseteq A$，如果满足以下条件：

(1) $A_i \neq \varnothing (i=1, 2, \cdots, m)$；

(2) $\bigcup\limits_{i=1}^{m} A_i = A$；

(3) $A_i \bigcap A_j = \varnothing (i \neq j)$，

则称 S 是集合 A 的一个划分（或分划）。每一个 A_i 称为这个划分的一个分块。

如果只满足条件(1)和(2)，则称 S 是集合 A 的一个覆盖。

显然，若是划分则必是覆盖，但其逆不真。覆盖中各子集可重叠，划分则不然。集合的划分或覆盖都不是唯一的，但若给定了集合的划分或覆盖，则集合便能唯一确定。

若 $A=\{a_1, a_2, \cdots, a_n\}$，则 A 有两个简单的划分：一是 $\{\{a_1\}, \{a_2\}, \cdots, \{a_n\}\}$，称为 A 的最大划分（分块最多）；二是 $A=\{\{a_1, a_2, \cdots, a_n\}\}$，称为 A 的最小划分（分块最少）。

例如，设 A 是某一所高校全体学生组成的集合，S_i 是对 A 的某种分类的集合（$i=1$, 2, 3）。若按性别分类，则有 $S_1=\{S_{11}, S_{12}\}$，其中 S_{11} 表示全体男生的集合，S_{12} 表示全体女生的集合；若按年级分类，则有 $S_2=\{S_{21}, S_{22}, S_{23}, S_{24}\}$，其中 $S_{2j}(j=1, 2, 3, 4)$ 表示学校 j 年级全体学生的集合；若按系分类，则有 $S_3=\{S_{31}, S_{32}, S_{33}, S_{34}, S_{35}\}$，这说明这所高校有 5 个系。尽管给出了 3 种分类方法，但是它们有些共同的特点：① S_i 的元素都是集合 A 的非空子集；② S_i 的元素作并运算就是 A；③ S_i 的元素作交运算是空集。此时，我们就说 S_i 是集合 A 的一个划分。

例 4.25 设 $A=\{a, b, c, d, e, f\}$，判断下列集合哪些是 A 的划分，哪些是 A 的覆盖，哪些既不是划分也不是覆盖。

$S_1=\{\{a\}, \{b, c\}, \{d, e, f\}\}$；

$S_2=\{\{a\}, \{b, c, d\}, \{d, e, f\}\}$；

$S_3=\{\varnothing, \{a\}, \{b, c\}, \{d, e, f\}\}$；

$S_4=\{\{a\}, \{b\}, \{c\}, \{d\}, \{e\}, \{f\}\}$；

$S_5=\{\{a, b, c, d, e, f\}\}$。

解 S_1 是 A 的划分；

S_2 不是 A 的划分，因为其中的 $\{b, c, d\}$ 和 $\{d, e, f\}$ 存在交集，这是 A 的覆盖；

S_3 不是 A 的划分，因为有 $\varnothing$，所以也不是 A 的覆盖；

S_4 是 A 的最大划分；

S_5 是 A 的最小划分。

4.5.2 等价关系与等价类

定义 4.14 设 R 为非空集合 A 上的一个关系，若 R 是自反的、对称的和可传递的，则称 R 为 A 上的等价关系。设 R 是一个等价关系，若 $\langle x, y \rangle \in R$，则称 x 等价于 y，记为 $x \sim y$。

例如，数的相等关系是任何数集上的等价关系；一群人的集合中姓氏相同的关系也是等价关系；设 A 是任意非空集合，则 A 上的恒等关系 I_A 和全域关系 E_A 均是 A 上的等价关系。但是父子关系不是等价关系，因为它不可传递。

例 4.26　设 $\mathbf{Z}$ 为整数集，$R=\{\langle x,y\rangle \mid x\in \mathbf{Z},\ y\in \mathbf{Z},\ x\equiv y(\bmod k)\}$，其中 $x\equiv y(\bmod k)$ 当且仅当 $\exists m\in \mathbf{Z}$，使得 $x-y=km$，证明 R 是等价关系。

证明　设任意 $a,b,c\in \mathbf{Z}$。

(1) $a-a=k\cdot 0$，所以，$\langle a,a\rangle \in R$，R 是自反的；

(2) 若 $a\equiv b(\bmod k)$，$a-b=kt$（t 为整数），则 $b-a=-kt$，所以，$b\equiv a(\bmod k)$，R 是对称的；

(3) 若 $a\equiv b(\bmod k)$，$b\equiv c(\bmod k)$，则 $a-b=kt$，$b-c=ks$（t、s 为整数），$a-c=a-b+b-c=k(t+s)$，所以 $a\equiv c(\bmod k)$，R 是可传递的。

综上，R 是等价关系。我们称之为整数集 $\mathbf{Z}$ 上的模 k 同余关系。

定义 4.15　设 R 是非空集合 A 上的等价关系，对每一个 $a\in A$，集合 A 中等价于 a 的所有元素组成的集合称为 a 关于 R 的等价类，或由 a 生成的一个 R 等价类，记为 $[a]_R$，即 $[a]_R=\{x \mid x\in A \wedge aRx\}$。其中，$a$ 称为 $[a]_R$ 的代表元或生成元。

由等价类的定义可知 $[a]_R$ 是非空的，因为 aRa，$a\in [a]_R$。因此，任给集合 A 及其上的等价关系 R，必可写出 A 上各个元素的等价类。

例 4.27　设 $A=\{1,2,3,4,5,6,7,8,9\}$，R 是 A 上的模 3 同余关系。画出 R 的关系图，求 A 中各元素的等价类。

解　根据例 4.26 可知，R 是等价关系。

$R=\{\langle 1,1\rangle,\ \langle 1,4\rangle,\ \langle 1,7\rangle,\ \langle 2,2\rangle,\ \langle 2,5\rangle,\ \langle 2,8\rangle,\ \langle 3,3\rangle,\ \langle 3,6\rangle,\ \langle 3,9\rangle,$
$\qquad \langle 4,1\rangle,\ \langle 4,4\rangle,\ \langle 4,7\rangle,\ \langle 5,2\rangle,\ \langle 5,5\rangle,\ \langle 5,8\rangle,\ \langle 6,3\rangle,\ \langle 6,6\rangle,\ \langle 6,9\rangle,$
$\qquad \langle 7,1\rangle,\ \langle 7,4\rangle,\ \langle 7,7\rangle,\ \langle 8,2\rangle,\ \langle 8,5\rangle,\ \langle 8,8\rangle,\ \langle 9,3\rangle,\ \langle 9,6\rangle,\ \langle 9,9\rangle\}$

R 的关系图如图 4.10 所示。

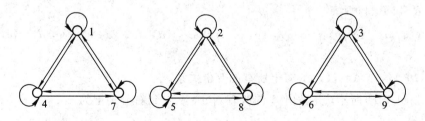

图 4.10　例 4.27 的关系图

A 中各元素的等价类为

$$[1]_R=[4]_R=[7]_R=\{1,4,7\}$$
$$[2]_R=[5]_R=[8]_R=\{2,5,8\}$$
$$[3]_R=[6]_R=[9]_R=\{3,6,9\}$$

可以看出，集合 $A=\{1,2,3,4,5,6,7,8,9\}$ 由等价关系 R 分成三个子集 $\{1,4,7\}$、$\{2,5,8\}$ 和 $\{3,6,9\}$，它们是互不相交的非空子集，并集为集合 A。A 中任何一个元素一定在它自身的等价类中。集合 A 中的两个元素如果有关系 R，则这两个元素的等价类相等；如果没有关系 R，则这两个元素的等价类不相交。关系图被分为 3 个互不连通的部分，每部分中的数两两都有关系，不同部分中的数则没有关系，每一部分中所有结点构成一个等价类。因此，可以总结出关于等价类的如下性质。

定理 4.9　设给定集合 A 上的等价关系 R，对于 $a,b\in A$，有 aRb 当且仅当 $[a]_R=[b]_R$。

证明　若 $[a]_R=[b]_R$，因为 $a\in[a]_R$，故 $a\in[b]_R$，即 bRa，则 aRb。

若 aRb，则 $\forall c\in[a]_R\Rightarrow aRc\Rightarrow cRa\Rightarrow cRb\Rightarrow bRc\Rightarrow c\in[b]_R$，即 $[a]_R\subseteq[b]_R$；$\forall c\in[b]_R\Rightarrow bRc\Rightarrow aRc\Rightarrow c\in[a]_R$，即 $[b]_R\subseteq[a]_R$。所以，$[a]_R=[b]_R$。

由非空集合 A 和 A 上的等价关系 R 可以构造一个新的集合——商集。

定义 4.16　设 R 为非空集合 A 上的等价关系，以 R 的所有等价类作为元素的集合称为 A 关于 R 的商集，记为 A/R，即 $A/R=\{[a]_R|a\in A\}$。

例如，例 4.27 中的商集 $A/R=\{\{1,4,7\},\{2,5,8\},\{3,6,9\}\}$；而例 4.26 中整数集 $\mathbf{Z}$ 上模 k 同余关系的商集 $\mathbf{Z}/R=\{\{km+n|m\in\mathbf{Z}\}|n=0,1,\cdots,k-1\}$。

我们把商集 A/R 和划分的定义相比较，发现商集就是集合 A 的一个划分。反之，设 $S=\{S_1,S_2,\cdots,S_m\}$ 是集合 A 的一个划分，定义 A 上的关系 $R=S_1\times S_1\cup S_2\times S_2\cup\cdots\cup S_m\times S_m$，则不难证明 R 为 A 上的等价关系，且该等价关系所确定的商集就是 S。

由此可见，非空集合 A 上的等价关系与 A 的划分是一一对应的。

例 4.28　设 $A=\{a,b,c,d,e\}$ 的划分 $S=\{\{a,b\},\{c\},\{d,e\}\}$，试由划分 S 确定 A 上的一个等价关系 R。

解　因为

$$R_1=\{a,b\}\times\{a,b\}=\{\langle a,a\rangle,\langle a,b\rangle,\langle b,a\rangle,\langle b,b\rangle\}$$
$$R_2=\{c\}\times\{c\}=\{\langle c,c\rangle\}$$
$$R_3=\{d,e\}\times\{d,e\}=\{\langle d,d\rangle,\langle d,e\rangle,\langle e,d\rangle,\langle e,e\rangle\}$$

故

$R=R_1\cup R_2\cup R_3$
　$=\{\langle a,a\rangle,\langle a,b\rangle,\langle b,a\rangle,\langle b,b\rangle,\langle c,c\rangle,\langle d,d\rangle,\langle d,e\rangle,\langle e,d\rangle,\langle e,e\rangle\}$

显然，$S=A/R$。

例 4.29　给出 $A=\{1,2,3\}$ 上所有的等价关系。

解　如图 4.11 所示，先做出 A 的所有划分，从左到右分别记为 π_1、π_2、π_3、π_4、π_5。

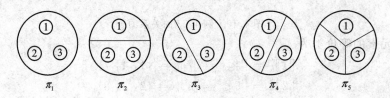

图 4.11　集合 $\{1,2,3\}$ 的划分

这些划分与 A 上的等价关系之间的一一对应是：π_1 对应全域关系 E_A，π_5 对应恒等关系 I_A，π_2、π_3 和 π_4 分别对应等价关系 R_2、R_3 和 R_4，其中

$$R_2 = \{\langle 2,3 \rangle, \langle 3,2 \rangle\} \bigcup I_A$$

$$R_3 = \{\langle 1,3 \rangle, \langle 3,1 \rangle\} \bigcup I_A$$

$$R_4 = \{\langle 1,2 \rangle, \langle 2,1 \rangle\} \bigcup I_A$$

4.6 偏 序 关 系

在一个集合上，常常要考虑元素的次序关系，其中很重要的一类关系就是偏序关系。利用偏序关系可以给集合的元素排序，确定计算机程序的执行顺序等。

4.6.1 偏序关系的定义

定义 4.17 设 R 为非空集合 A 上的一个二元关系，如果 R 满足自反性、反对称性和可传递性，则称 R 是 A 上的一个偏序关系，并称序偶 $\langle A, R \rangle$ 为偏序集。

例如，整数集上的大于或等于关系、小于或等于关系，正整数集合上的整除关系，集合 A 的幂集 $P(A)$ 上的包含关系以及集合 A 上的恒等关系 I_A 等都是偏序关系。但整数集上的小于关系，$P(A)$ 上的真包含关系都不是偏序关系。一般地，全域关系 E_A 不是 A 上的偏序关系。

我们把偏序关系记为"$\leqslant$"，为便于书写，通常将"$\leqslant$"记为"$\leqslant$"，读作"小于或等于"，偏序集记为 $\langle A, \leqslant \rangle$。如果 R 是集合 A 上的偏序关系，则 $\langle x,y \rangle \in R$ 可以表示为 $x \leqslant y$。

注意 这里的"小于或等于"不是指通常的数的大小，而是指在偏序关系中的先后顺序。x"小于或等于"y 的含义是：依照这个序，x 排在 y 的前边或者 x 就是 y。针对不同偏序的定义，对序有着不同的解释。

例如，若偏序 $\leqslant$ 代表正整数集合上的整除关系，则 $x \leqslant y$ 表示 x 整除 y。根据这个解释，可以写成 $2 \leqslant 4$，$5 \leqslant 5$，…。若偏序 $\leqslant$ 代表实数集合上的大于或等于关系，则不能写成 $2 \leqslant 4$，只能写成 $4 \leqslant 2$。尽管这里读成"4 小于或等于 2"，只是意味着在大于或等于关系上，4 排在 2 的前面，实际上的含义是 4 大于或等于 2。

设 $\langle A, \leqslant \rangle$ 为偏序集，对于任意的 $x,y \in A$，如果 $x \leqslant y$ 或者 $y \leqslant x$ 成立，则称 x 与 y 是可比的；如果 $x \leqslant y$ 和 $y \leqslant x$ 均不成立，则称 x 与 y 是不可比的。在偏序集中，并非任何两个元素都是可比的，对于某些 x 和 y 可能没有关系。正是由于这种原因，才把"$\leqslant$"称为"偏"序关系。

例如，在正整数集合上的小于或等于关系中，任何两个正整数 x 和 y 都是可比的。而对于整除关系，任何两个正整数不能保证一个整除另一个，例如 2 不能整除 3，3 也不能整除 2，2 和 3 就是不可比的。

4.6.2 偏序关系的哈斯图

哈斯图可以表示偏序关系，它是利用偏序关系的自反性、反对称性和可传递性进行简化的关系图。为了更清楚地描述偏序集合中元素间的层次关系，先介绍"盖住"的概念。

定义 4.18 在偏序集 $\langle A, \leqslant \rangle$ 中，如果 $x,y \in A$，$x \leqslant y$，$x \neq y$，且没有其他元素 z 满足

$x \leqslant z$，$z \leqslant y$，则称元素 y 盖住元素 x，记 COV $A = \{\langle x,y \rangle \mid x,y \in A$；$y$ 盖住 $x\}$，称 COV A 为偏序集 $\langle A, \leqslant \rangle$ 中的盖住关系。

显然，COV $A \subseteq \leqslant$。

例 4.30 设 $A = \{1, 2, 3, 4, 6, 8, 12\}$，并设"|"为整除关系，求 COV A。

解 "|"$= \{\langle 1, 1 \rangle, \langle 1, 2 \rangle, \langle 1, 3 \rangle, \langle 1, 4 \rangle, \langle 1, 6 \rangle, \langle 1, 8 \rangle, \langle 1, 12 \rangle, \langle 2, 2 \rangle,$

$\langle 2, 4 \rangle, \langle 2, 6 \rangle, \langle 2, 8 \rangle, \langle 2, 12 \rangle, \langle 3, 3 \rangle, \langle 3, 6 \rangle, \langle 3, 12 \rangle, \langle 4, 4 \rangle,$

$\langle 4, 8 \rangle, \langle 4, 12 \rangle, \langle 6, 6 \rangle, \langle 6, 12 \rangle, \langle 8, 8 \rangle, \langle 12, 12 \rangle\}$

COV $A = \{\langle 1, 2 \rangle, \langle 1, 3 \rangle, \langle 2, 4 \rangle, \langle 2, 6 \rangle, \langle 3, 6 \rangle, \langle 4, 8 \rangle, \langle 4, 12 \rangle, \langle 6, 12 \rangle\}$

对于给定偏序集 $\langle A, \leqslant \rangle$，它的盖住关系是唯一的，所以哈斯根据盖住的概念给出了偏序关系图的一种画法，用这种画法画出的图称为哈斯图，其作图规则如下：

(1) 用小圆圈代表元素；

(2) 如果 $x \leqslant y$ 且 $x \neq y$，则将代表 y 的小圆圈画在代表 x 的小圆圈之上；

(3) 如果 $\langle x, y \rangle \in$ COV A，就用一条线段连接 x 和 y。

根据这个作图规则，例 4.30 中偏序集的一般关系图和哈斯图分别如图 4.12 和图 4.13 所示。

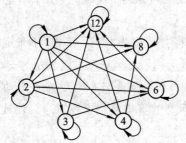

图 4.12 例 4.30 的关系图

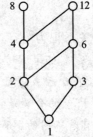

图 4.13 例 4.30 的哈斯图

画哈斯图时需要注意以下几点：

(1) 不出现三角形；

(2) 不出现水平线段；

(3) 尽量减少交叉线。

例 4.31 设 $S_1 = \{a\}$，$S_2 = \{a, b\}$，$S_3 = \{a, b, c\}$，则"$\subseteq$"关系是 $P(S_i)$（$i = 1, 2, 3$）上的偏序关系，它们的哈斯图分别如图 4.14(a)、(b)、(c) 所示。

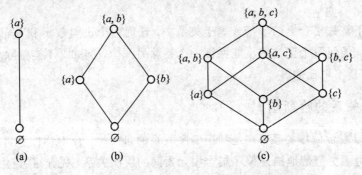

图 4.14 例 4.31 的哈斯图

例 4.32　设 $A=\{2,3,6,12,24,36\}$，A 上的整除关系"|"是一偏序关系，其哈斯图如图 4.15 所示。

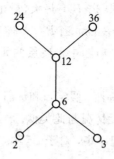

图 4.15　例 4.32 的哈斯图

4.6.3　偏序集中特殊位置的元素

从偏序集的哈斯图可以看到偏序集中各个元素之间具有分明的层次关系，则其中必有一些处于特殊位置的元素。下面讨论偏序集中具有特殊位置的元素。

定义 4.19　设 $\langle A,\leqslant\rangle$ 是一个偏序集，且 B 是 A 的子集，若有某个元素 $b\in B$，使得

(1) 不存在 $x\in B$，满足 $b\neq x$ 且 $b\leqslant x$，则称 b 为 B 的极大元；

(2) 不存在 $x\in B$，满足 $b\neq x$ 且 $x\leqslant b$，则称 b 为 B 的极小元；

(3) 对每一个 $x\in B$ 有 $x\leqslant b$，则称 b 为 B 的最大元；

(4) 对每一个 $x\in B$ 有 $b\leqslant x$，则称 b 为 B 的最小元。

例 4.33　在例 4.32 中取 B 分别为 A、$\{6,12\}$、$\{2,3,6\}$ 和 $\{12,24,36\}$，则它们的极大元、极小元、最大元、最小元如表 4.4 所示。

表 4.4　例 4.33 子集的极大(小)元和最大(小)元

集　合	极大元	极小元	最大元	最小元
A	24，26	2，3	无	无
$\{6,12\}$	12	6	12	6
$\{2,3,6\}$	6	2，3	6	无
$\{12,24,36\}$	24，36	12	无	12

例 4.34　在图 4.14(c)所示的偏序集中，取 B 分别为 $P(S_3)$、$\{\{a\},\{b\},\{c\}\}$ 和 $\{\{a\},\{a,b\}\}$，则它们的极大元、极小元、最大元、最小元如表 4.5 所示。

表 4.5　例 4.34 子集的极大(小)元和最大(小)元

集　合	极大元	极小元	最大元	最小元
$P(S_3)$	$\{a,b,c\}$	$\varnothing$	$\{a,b,c\}$	$\varnothing$
$\{\{a\},\{b\},\{c\}\}$	$\{a\},\{b\},\{c\}$	$\{a\},\{b\},\{c\}$	无	无
$\{\{a\},\{a,b\}\}$	$\{a,b\}$	$\{a\}$	$\{a,b\}$	$\{a\}$

从上面两个例子可以看出，最大(小)元和极大(小)元有如下性质：

定理 4.10　设〈A, $\leqslant$〉为一偏序集且 $B \subseteq A$，则

(1) B 的最大（小）元必是 B 的极大（小）元，反之不然；

(2) B 的最大（小）元不一定存在，若 B 有最大（最小）元，则必是唯一的；

(3) B 的极大（小）元不一定是唯一的，当 $B = A$ 时，则偏序集〈A, $\leqslant$〉的极大元即是哈斯图中最顶层的元素，其极小元是哈斯图中最底层的元素，不同的极小元或不同的极大元之间是不可比的。

证明　仅证明最大（小）元的唯一性。假定 a 和 b 都是 B 的最大元，则 $a \leqslant b$ 且 $b \leqslant a$，由 $\leqslant$ 的反对称性得到 $a = b$。B 的最小元情况与此类似。

定义 4.20　设〈A, $\leqslant$〉是一个偏序集，对于 $B \subseteq A$，如有 $a \in A$，对 B 的任意元素 x，都满足：

(1) $x \leqslant a$，则称 a 为 B 的上界；

(2) $a \leqslant x$，则称 a 为 B 的下界；

(3) a 为 B 的上界，且对 B 的任一上界 a'，均有 $a \leqslant a'$，则称 a 为 B 的最小上界（上确界）；

(4) a 为 B 的下界，且对 B 的任一下界 a'，均有 $a' \leqslant a$，则称 a 为 B 的最大下界（下确界）。

例 4.35　在例 4.32 中取 B 分别为 A、$\{6, 12\}$、$\{2, 3, 6\}$、$\{12, 24, 36\}$ 和 $\{24, 36\}$，则它们的上界、下界、上确界、下确界如表 4.6 所示。

表 4.6　例 4.35 子集的上（下）界和上（下）确界

集　合	上　界	下　界	上确界	下确界
A	无	无	无	无
$\{6, 12\}$	12, 24, 36	2, 3, 6	12	6
$\{2, 3, 6\}$	6, 12, 24, 36	无	6	无
$\{12, 24, 36\}$	无	2, 3, 6, 12	无	12
$\{24, 36\}$	无	2, 3, 6, 12	无	12

例 4.36　在图 4.14(c) 所示的偏序集中，取 B 分别为 $P(S_3)$、$\{\{a\}, \{b\}, \{c\}\}$ 和 $\{\{a\}, \{a, b\}\}$，则它们的上界、下界、上确界、下确界如表 4.7 所示。

表 4.7　例 4.36 子集的上（下）界和上（下）确界

集　合	上　界	下　界	上确界	下确界
$P(S_3)$	$\{a, b, c\}$	$\varnothing$	$\{a, b, c\}$	$\varnothing$
$\{\{a\}, \{b\}, \{c\}\}$	$\{a, b, c\}$	$\varnothing$	$\{a, b, c\}$	$\varnothing$
$\{\{a\}, \{a, b\}\}$	$\{a, b\}, \{a, b, c\}$	$\varnothing, \{a\}$	$\{a, b\}$	$\{a\}$

从上面两个例子可以看出，上（下）界和上（下）确界有如下性质：

(1) B 的上（下）界不一定存在，若存在，则不一定唯一，并且它们可能在 B 中，也可能在 B 外；

（2）B 的上（下）确界不一定存在，若存在，必定是唯一的，并且若 B 有最大（小）元，则它必是 B 的上（下）确界。

4.6.4 全序和良序

定义 4.21 设 $\langle A, \leqslant \rangle$ 是一个偏序集，如果对于任意的 $x, y \in A$，都有 $x \leqslant y$ 或者 $y \leqslant x$ 成立，即 x 与 y 都是可比的，则称"$\leqslant$"为 A 上的全序关系，称 $\langle A, \leqslant \rangle$ 为全序集。

例如，设 $A = \{1, 2, 8, 24, 48\}$，则 A 上的整除关系是一个全序关系，其哈斯图如图 4.16 所示。

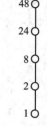

表示全序关系的哈斯图是一条直线，所以，全序集又称线序集，有时也称为链。

例 4.32 中，集合 A 的偏序关系不是全序关系，因为存在两个元素不可比，如 2 和 3 不可比，24 和 36 也不可比。

定义 4.22 设 $\langle A, \leqslant \rangle$ 是一个偏序集，若 A 的任意非空 图 4.16　全序关系的哈斯图 子集 B 均有最小元，则称"$\leqslant$"为 A 上的良序关系，称 $\langle A, \leqslant \rangle$ 为良序集。

例如，自然数集 $\mathbf{N} = \{1, 2, 3, \cdots\}$ 上的小于等于关系是良序，即 $\langle \mathbf{N}, \leqslant \rangle$ 是良序集；而实数集 $\mathbf{R}$ 上的小于等于关系不是良序关系，因为存在非空子集没有最小元，如开区间 $(0, 1)$ 和 $\mathbf{R}$ 本身都没有最小元。

定理 4.11 每一个良序集一定是全序集。

证明 设 $\langle A, \leqslant \rangle$ 为良序集，则对任意两个元素 $x, y \in A$ 可构成子集 $\{x, y\}$，必存在最小元，这个最小元不是 x 就是 y，因此一定有 $x \leqslant y$ 或 $y \leqslant x$。所以 $\langle A, \leqslant \rangle$ 为全序集。

定理 4.11 的逆不成立。例如，整数集 $\mathbf{Z}$ 和实数集 $\mathbf{R}$ 上的小于等于关系"$\leqslant$"是全序，但不是良序。但是有如下结论：

定理 4.12 每一个有限的全序集一定是良序集。

证明 设 $A = \{a_1, a_2, \cdots, a_n\}$，且 $\langle A, \leqslant \rangle$ 是全序集，现在假定 $\langle A, \leqslant \rangle$ 不是良序集，那么必存在一个非空子集 $B \subseteq A$，在 B 中不存在最小元。由于 B 是一个有限集合，故一定可以找出两个元素 x 与 y 是不可比的。由于 $\langle A, \leqslant \rangle$ 是全序集，$x, y \in A$，所以 x, y 是可比的，这与"x 与 y 是不可比的"矛盾，故 $\langle A, \leqslant \rangle$ 必是良序集。

本 章 小 结

本章对关系相关的概念做了较详细的介绍，主要包括序偶、笛卡尔积、等价关系、偏序关系等，以及关系的表示、运算和性质。

关系与数理逻辑、集合论以及图论等都有密切的联系。在某种意义下，关系可以理解为有联系的一些对象相互之间的比较行为。而根据比较结果来执行不同任务的能力是计算机最重要的属性之一，在执行一个典型的程序时，要多次用到这种性质。

关系理论不仅在各个数学领域有很大作用，而且还广泛地应用于计算机科学技术，例如计算机程序的输入、输出关系，数据库的数据特性关系，计算机语言的字符关系等。它也是数据结构、算法分析等计算机学科很好的数学工具。

习　题　4

1. 设 $X=\{a, b, c, d\}$，X 上的关系 R 的关系矩阵如下，试问 R 是不是自反的、反自反的、对称的、反对称的和可传递的？

$$(1) \begin{bmatrix} 0 & 1 & 0 & 1 \\ 0 & 0 & 0 & 0 \\ 1 & 0 & 0 & 1 \\ 0 & 1 & 0 & 0 \end{bmatrix}; \quad (2) \begin{bmatrix} 1 & 1 & 1 & 0 \\ 1 & 1 & 1 & 0 \\ 0 & 0 & 1 & 1 \\ 0 & 0 & 0 & 0 \end{bmatrix}; \quad (3) \begin{bmatrix} 1 & 0 & 1 & 1 \\ 1 & 1 & 0 & 1 \\ 0 & 1 & 1 & 0 \\ 0 & 0 & 0 & 1 \end{bmatrix};$$

$$(4) \begin{bmatrix} 1 & 0 & 1 & 1 \\ 0 & 1 & 0 & 1 \\ 1 & 0 & 1 & 1 \\ 1 & 1 & 1 & 1 \end{bmatrix}; \quad (5) \begin{bmatrix} 1 & 1 & 0 & 0 \\ 1 & 1 & 0 & 0 \\ 0 & 0 & 1 & 1 \\ 0 & 0 & 0 & 1 \end{bmatrix}.$$

2. 设 R_1 和 R_2 是集合 A 上的任意两个关系，则下列命题为真的是（　　　）。

　　A. 若 R_1 和 R_2 是自反的，则 $R_1 \circ R_2$ 也是自反的

　　B. 若 R_1 和 R_2 是反自反的，则 $R_1 \circ R_2$ 也是反自反的

　　C. 若 R_1 和 R_2 是对称的，则 $R_1 \circ R_2$ 也是对称的

　　D. 若 R_1 和 R_2 是可传递的，则 $R_1 \circ R_2$ 也是可传递的

3. 设集合 $A=\{a, b, c\}$ 上的关系 $R=\{\langle a, b \rangle, \langle a, c \rangle, \langle c, c \rangle\}$，则 R 的传递闭包 $t(R)=$ _____。

4. 设 $A=\{\{\varnothing, \{\varnothing\}\}\}$，则 $A \times P(P(\varnothing))=$ _____。

5. 设集合 X 的基数为 n，X 上的不同关系共有多少种？

6. 对于下列各种情况，用列举法求出从 X 到 Y 的关系 S、dom S、ran S，并画出 S 的关系图，写出 S 的关系矩阵。

　　(1) $X=\{0, 1, 2\}$，$Y=\{0, 2, 4\}$，$S=\{\langle x, y \rangle \mid x, y \in X \cap Y\}$；

　　(2) $X=\{1, 2, 3, 4\}$，$Y=\{1, 2, 3\}$，$S=\{\langle x, y \rangle \mid x=y^2\}$。

7. 设 $A=\{1, 2, 3, 4, 5, 6\}$，集合 A 上的关系 $R=\{\langle 1, 3 \rangle, \langle 1, 5 \rangle, \langle 2, 5 \rangle, \langle 4, 4 \rangle,$ $\langle 4, 5 \rangle, \langle 5, 4 \rangle, \langle 6, 3 \rangle, \langle 6, 6 \rangle\}$。

　　(1) 画出 R 的关系图，并求它的关系矩阵；

　　(2) 求 $r(R)$、$s(R)$ 及 $t(R)$。

8. 设 A、B、C、D 是任意集合，判断下列等式是否成立，并说明原因。

　　(1) $(A \cap B) \times (C \cap D)=(A \times C) \cap (B \times D)$；

　　(2) $(A \cup B) \times (C \cup D)=(A \times C) \cup (B \times D)$。

9. 把 n 个元素的集合划分成两个分块，共有多少种不同的方法？

10. 设 $X=\{1, 2, 3, 4, 5\}$，试根据以下 X 的划分求出 X 上相应的等价关系，并画出关系图。

　　(1) $\{\{1, 2\}, \{3\}, \{4, 5\}\}$；　　　　　　(2) $\{\{1, 5\}, \{2, 3, 4\}\}$；

　　(3) $\{\{1\}, \{2\}, \{3, 4, 5\}\}$；　　　　　　(4) $\{\{1, 2, 3, 4, 5\}\}$。

11. 对于下列集合上的"整除"关系，画出其哈斯图。

(1) $\{1, 2, 3, 4, 6, 8, 12, 24\}$；   (2) $\{1, 2, 3, \cdots, 12\}$。

12. 设 $P = \{x_1, x_2, x_3, x_4, x_5\}$，偏序集 $\langle P, R \rangle$ 的哈斯图如图 4.17 所示。

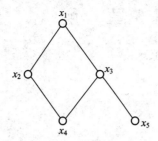

图 4.17 第 12 题的哈斯图

(1) $x_1 R x_2$、$x_4 R x_1$、$x_3 R x_5$、$x_2 R x_5$、$x_1 R x_1$、$x_4 R x_5$ 中哪些为真？

(2) 求 P 的极小元与极大元；

(3) 求 P 的最小元与最大元（如果存在的话）；

(4) 求 $\{x_2, x_3, x_4\}$、$\{x_3, x_4, x_5\}$ 和 $\{x_1, x_2, x_3\}$ 的上界与下界，并指出它们的上确界与下确界（如果存在的话）；

(5) 把哈斯图改为关系图。

第 5 章　函　　数

☞ **本章学习目标**

- 熟悉与函数相关的概念
- 理解函数与一般关系的区别
- 理解函数复合运算的性质、反函数存在的条件
- 掌握单射、满射、双射的证明方法

5.1　函数的定义及其性质

5.1.1　函数的定义

定义 5.1　设 X、Y 是两个任意的集合，而 f 是从 X 到 Y 的一个关系（$f \subseteq X \times Y$），若对每一个 $x \in X$，都存在唯一的 $y \in Y$，使得 $\langle x, y \rangle \in f$，则称关系 f 为从 X 到 Y 的函数，记为 $f: X \to Y$ 或 $X \xrightarrow{f} Y$。

当 $X = X_1 \times X_2 \times \cdots \times X_n$ 时，称 f 为 n 元函数。当 $X = Y$ 时，也称 f 为 X 上的函数。函数也可以称为映射。

例如，设集合 $A = \{a, b, c\}$，$B = \{1, 2, 3, 4, 5\}$，如果 $f = \{\langle a, 1 \rangle, \langle b, 2 \rangle, \langle c, 5 \rangle\}$，那么，对于 A 中的每一个元素，在 B 中仅有唯一的元素与之对应，所以 f 是从 A 到 B 的函数。

定义 5.2　设 f 为从 X 到 Y 的函数，则称 X 是 f 的定义域，Y 是 f 的共域或陪域。如果 $\langle x, y \rangle \in f$，则可记为 $y = f(x)$，称 y 为 x 在 f 下的像，x 为 y 的原像。X 中所有元素的像元素构成的集合，称为 f 的值域。

注意　函数的上述表示形式不适用于一般关系，因为一般关系不具有单值性。

可以用 $\mathrm{dom}\, f$ 表示 f 的定义域，$\mathrm{ran}\, f$ 表示 f 的值域，即 $\mathrm{dom}\, f = X$，$\mathrm{ran}\, f \subseteq Y$。$\mathrm{ran}\, f$ 亦称为函数 f 的像集合。对于 $A \subseteq X$，称 $f(A)$ 为 A 的像，符号化表示为 $f(A) = \{f(x) \mid x \in A\} = \{y \mid \exists x (x \in A \land y = f(x))\}$。显然，$f(\varnothing) = \varnothing$。请注意区分 x 的像和 $\{x\}$ 的像两个不同的概念：x 的像 $f(x) \in Y$；而 $\{x\}$ 的像 $f(\{x\}) = \{f(x)\}$ $(x \in X) \subseteq Y$。

函数 f 是从 X 到 Y 的特殊的二元关系，其特殊性在于：

(1) $\mathrm{dom}\, f = X$，即关系 f 的定义域是 X 本身，而不是 X 的真子集；

（2）若$\langle x, y\rangle \in f$，则 x 在 f 下的像 y 是唯一的，即$\langle x, y\rangle \in f \wedge \langle x, z\rangle \in f \Rightarrow y = z$。

例 5.1　设 $A = \{1, 2, 3, 4\}$，$B = \{a, b, c, d\}$，判断下列关系哪些是函数，如果是函数，请写出它的值域。

（1）$f_1 = \{\langle 1, a\rangle, \langle 2, a\rangle, \langle 3, d\rangle, \langle 4, c\rangle\}$；

（2）$f_2 = \{\langle 1, a\rangle, \langle 2, a\rangle, \langle 2, d\rangle, \langle 4, c\rangle\}$；

（3）$f_3 = \{\langle 1, a\rangle, \langle 2, b\rangle, \langle 3, d\rangle, \langle 4, c\rangle\}$；

（4）$f_4 = \{\langle 2, b\rangle, \langle 3, d\rangle, \langle 4, c\rangle\}$。

解　（1）在 f_1 中，因为 A 中每个元素都有唯一的像和它对应，所以 f_1 是函数。其值域是 A 中每个元素的像的集合，即 $\operatorname{ran} f_1 = \{a, c, d\}$。

（2）在 f_2 中，因为元素 2 有两个不同的像 a 和 d，所以 f_2 不是函数。

（3）在 f_3 中，因为 A 中每个元素都有唯一的像和它对应，所以 f_3 是函数。其值域是 A 中每个元素的像的集合，即 $\operatorname{ran} f_3 = \{a, b, c, d\}$。

（4）在 f_4 中，因为元素 1 没有像，所以 f_4 不是函数。

由于函数归结为关系，因而函数的表示及运算可归结为集合的表示及运算，函数相等及包含的概念也归结为关系相等及包含的概念。

定义 5.3　设 $f: A \rightarrow B$，$g: C \rightarrow D$，如果 $A = C$，$B = D$，且对于所有 $x \in A$，有 $f(x) = g(x)$，则称函数 f 和 g 相等，记为 $f = g$。如果 $A \subseteq C$，$B = D$，且对于所有 $x \in A$，有 $f(x) = g(x)$，则称函数 f 包含于 g，记为 $f \subseteq g$。

事实上，当不强调函数是定义在哪个集合上的时候，由于函数是序偶的集合（特殊的关系），所以 $f = g$ 的充分必要条件是 $f \subseteq g$ 且 $g \subseteq f$。

从函数的定义以及特殊性可以知道 $X \times Y$ 的子集并不能都成为从 X 到 Y 的函数。

定义 5.4　设 X、Y 是两个任意的集合，所有从 X 到 Y 的函数构成的集合记为 Y^X，读作"Y 上 X"，符号化表示为 $Y^X = \{f \mid f: X \rightarrow Y\}$。特别地，$X^X$ 表示集合 X 上函数的全体。

例 5.2　设 $A = \{a, b\}$，$B = \{1, 2, 3\}$，求 B^A 和 A^B。

解　设 $f_i: A \rightarrow B (i = 1, 2, \cdots, 9)$，$g_i: B \rightarrow A (i = 1, 2, \cdots, 8)$，则

$$f_1 = \{\langle a, 1\rangle, \langle b, 1\rangle\}$$
$$f_2 = \{\langle a, 1\rangle, \langle b, 2\rangle\}$$
$$f_3 = \{\langle a, 1\rangle, \langle b, 3\rangle\}$$
$$f_4 = \{\langle a, 2\rangle, \langle b, 1\rangle\}$$
$$f_5 = \{\langle a, 2\rangle, \langle b, 2\rangle\}$$
$$f_6 = \{\langle a, 2\rangle, \langle b, 3\rangle\}$$
$$f_7 = \{\langle a, 3\rangle, \langle b, 1\rangle\}$$
$$f_8 = \{\langle a, 3\rangle, \langle b, 2\rangle\}$$
$$f_9 = \{\langle a, 3\rangle, \langle b, 3\rangle\}$$
$$g_1 = \{\langle 1, a\rangle, \langle 2, a\rangle, \langle 3, a\rangle\}$$
$$g_2 = \{\langle 1, a\rangle, \langle 2, a\rangle, \langle 3, b\rangle\}$$
$$g_3 = \{\langle 1, a\rangle, \langle 2, b\rangle, \langle 3, a\rangle\}$$

$$g_4 = \{\langle 1, a \rangle, \langle 2, b \rangle, \langle 3, b \rangle\}$$
$$g_5 = \{\langle 1, b \rangle, \langle 2, a \rangle, \langle 3, a \rangle\}$$
$$g_6 = \{\langle 1, b \rangle, \langle 2, a \rangle, \langle 3, b \rangle\}$$
$$g_7 = \{\langle 1, b \rangle, \langle 2, b \rangle, \langle 3, a \rangle\}$$
$$g_8 = \{\langle 1, b \rangle, \langle 2, b \rangle, \langle 3, b \rangle\}$$

因此，$B^A = \{f_1, f_2, f_3, f_4, f_5, f_6, f_7, f_8, f_9\}$，$A^B = \{g_1, g_2, g_3, g_4, g_5, g_6, g_7, g_8\}$。

设 A 和 B 都是有限集合，$|A| = m$，$|B| = n$，且 $m, n > 0$，因为任何函数 $f: A \to B$ 的定义域都是集合 A，所以每个函数中都恰有 m 个序偶。而且，任何元素 $x \in A$，都可以在 B 的 n 个元素中任选其一作为自己的像。因此，由排列组合的知识不难证明：应有 n^m 个可能的不同函数，即 $|B^A| = |B|^{|A|} = n^m$。

在例 5.2 中，$|A| = 2$，$|B| = 3$，$|B^A| = 3^2 = 9$，而 $|A^B| = 2^3 = 8$。

当 X 或 Y 中至少有一个集合是空集时，可分成下面两种情况：

(1) 当 $X = \varnothing$ 时，从 X 到 Y 的空关系为一函数，称为空函数，即 $Y^X = Y^{\varnothing} = \{\varnothing\}$；

(2) 当 $X \neq \varnothing$ 且 $Y = \varnothing$ 时，从 X 到 Y 的空关系不是一个函数，即 $Y^X = \varnothing^X = \varnothing$。

5.1.2 函数的性质

函数的性质指的是函数 $f: A \to B$ 的满射、单射、双射的性质。下面给出这些性质的定义。

定义 5.5 设 $f: X \to Y$。

(1) 如果 $\text{ran} f = Y$，即 Y 的每一个元素都是 X 中一个或多个元素的像，则称这个函数为满射，满射也称为到上映射；

(2) 如果对于任意 $x_1, x_2 \in X$，若 $x_1 \neq x_2$，有 $f(x_1) \neq f(x_2)$，则称这个函数为单射，单射也称为入射或一对一映射；

(3) 若 f 既是满射又是单射，则称 f 是双射，双射也称为一一对应映射。

由定义可以看出，如果 $f: X \to Y$ 是满射，则对于任意 $y \in Y$，必存在 $x \in X$，使得 $f(x) = y$ 成立；如果 $f: X \to Y$ 是单射，则 X 中没有两个不同元素有相同的像，即对于任意 $x_1, x_2 \in X$，$f(x_1) = f(x_2) \Rightarrow x_1 = x_2$。

图 5.1 说明了这三类函数之间的关系。

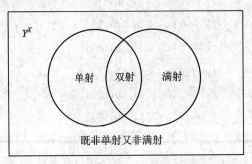

图 5.1　满射、单射、双射的关系

注意　既非单射又非满射的函数是大量存在的。

例 5.3　(1) 设 $A=\{a,b,c,d\}$，$B=\{1,2,3\}$，如果 $A \xrightarrow{f} B$ 定义为 $f(a)=1$，$f(b)=1$，$f(c)=3$，$f(d)=2$，则 f 是满射，但不是单射。

(2) 设 f：$\{x，y\} \to \{1，3，5\}$ 定义为 $f(x)=1$，$f(y)=5$，则 f 是单射，但不是满射。

(3) 设 $A=B=\mathbf{R}$，f：$A \to B$ 定义为 $f(x)=x^3$，则 f 是双射。

(4) 设 $A=B=\mathbf{R}$，f：$A \to B$ 定义为 $f(x)=x^2$，则 f 既不是满射，也不是单射。因为 $\pm x$ 都对应 x^2，而且 B 中的负实数没有原像。

例 5.4　在图 5.2 中，图(a)是满射，但不是单射；图(b)是单射，但不是满射；图(c)是双射。

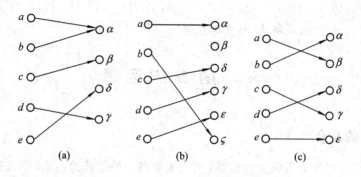

图 5.2　例 5.4 的函数关系图

定理 5.1　令 X 和 Y 为有限集，若 X 和 Y 的元素个数相同，即 $|X|=|Y|$，则 f：$X \to Y$ 是单射，当且仅当它是一个满射。

证明　(1) 若 f 是单射，则 $|f(X)|=|X|=|Y|$。由 f 的定义有 $f(X) \subseteq Y$，而 $|f(X)|=|Y|$，因为 $|Y|$ 是有限的，故 $f(X)=Y$，因此，f 是一个满射。

(2) 若 f 是一个满射，则 $f(X)=Y$，于是 $|X|=|Y|=|f(X)|$。因为 $|Y|=|f(X)|$ 和 $|X|$ 是有限的，所以，f 是一个单射。

需要注意的是，这个定理必须在有限集情况下才能成立，在无限集上不一定有效。例如，f：$\mathbf{Z} \to \mathbf{Z}$，定义 $f(x)=2x$，在这种情况下整数映射到偶数，显然这是一个单射，但它不是满射。

另外，还有几个特殊而又重要的函数需要介绍一下。

定义 5.6　(1) 设 f：$X \to Y$，如果存在 $c \in Y$，使得对所有的 $x \in X$ 都有 $f(x)=c$，即 $f(X)=\{c\}$，则称 f：$X \to Y$ 是常函数。

(2) 任意集合 X 上的恒等关系 I_X 为一函数，称为恒等函数。因为对任意 $x \in X$ 都有 $I_X(x)=x$，即 $I_X=\{\langle x,x \rangle \mid x \in X\}$。

对任意 $x_1 \neq x_2$，有 $I_X(x_1) \neq I_X(x_2)$，故 I_X 是单射；且 $\mathrm{ran}\, I_X=X$，I_X 是满射。所以，I_X 是双射。

(3) 设 A 为集合，对任意的 $A' \subseteq A$，A' 的特征函数 $\chi_{A'}$：$A \to \{0,1\}$ 定义为

$$\chi_{A'}=\begin{cases} 1, & a \in A' \\ 0, & a \in A-A' \end{cases}$$

关于集合的特征函数：设 A 为集合，不难证明，A 的每一个子集 A' 都对应于一个特征函数，不同的子集则对应于不同的特征函数。

(4) 设 R 是 A 上的等价关系，$g: A \rightarrow A/R$ 定义为 $\forall a \in A$，$g(a) = [a]_R$，其中 $[a]_R$ 是由 a 生成的等价类，则称 g 是从 A 到商集 A/R 的自然映射。

不难看出，给定集合 A 和 A 上的等价关系 R，就可以确定一个自然映射 $g: A \rightarrow A/R$。

例 5.5 设 $A = \{1, 2, 3, 4\}$，$R = \{\langle 1, 2 \rangle, \langle 2, 1 \rangle\} \cup I_A$，求自然映射 $g_1: A \rightarrow A/I_A$ 和 $g_2: A \rightarrow A/R$。

解 $g_1(1) = \{1\}$，$g_1(2) = \{2\}$，$g_1(3) = \{3\}$，$g_1(4) = \{4\}$

$g_2(1) = g_2(2) = \{1, 2\}$，$g_2(3) = \{3\}$，$g_2(4) = \{4\}$

我们注意到，$A/I_A = \{\{1\}, \{2\}, \{3\}, \{4\}\}$，$A/R = \{\{1, 2\}, \{3\}, \{4\}\}$，所以自然映射都是满射且只有等价关系取 I_A 时才是双射。

5.2 函数的运算

5.2.1 函数的复合

第 4 章介绍过有关关系的复合运算，因为函数是一种特殊的关系，那么按照一些规定，就可以把对关系的复合运算扩展到函数。

定理 5.2 设 $f: X \rightarrow Y$，$g: Y \rightarrow Z$，则复合关系 $f \circ g$ 为从 X 到 Z 的函数，称为 f 和 g 的复合函数。

证明 首先证明 $\mathrm{dom}(f \circ g) = X$。

对任一 $x \in X$，有 $y \in Y$，使得 $\langle x, y \rangle \in f$；对这一 y，有 $z \in Z$，使得 $\langle y, z \rangle \in g$。因此，$\langle x, z \rangle \in f \circ g$。故 $x \in \mathrm{dom}(f \circ g)$，$\mathrm{dom}(f \circ g) = X$ 得证。

再证 $f \circ g$ 的单值性。

设对任意的 $x \in X$，有 z_1、z_2，使得 $\langle x, z_1 \rangle \in f \circ g$ 且 $\langle x, z_2 \rangle \in f \circ g$，那么有 y_1、y_2，使得 $\langle x, y_1 \rangle \in f$ 且 $\langle y_1, z_1 \rangle \in g$，$\langle x, y_2 \rangle \in f$ 且 $\langle y_2, z_2 \rangle \in g$。由 f 为函数可知 $y_1 = y_2$；又由 g 为函数可知 $z_1 = z_2$。

所以 $f \circ g$ 为从 X 到 Z 的函数得证。

我们注意到，$\langle x, z \rangle \in f \circ g$ 是指存在 y 使得 $\langle x, y \rangle \in f$ 且 $\langle y, z \rangle \in g$，即 $y = f(x)$，$z = g(y) = g(f(x))$，因而 $f \circ g(x) = g(f(x))$。这就是说，当 f、g 为函数时，它们的复合作用于自变量的次序刚好与合成的原始记号的顺序相反。故我们约定把两个函数 f 和 g 的复合记为 $g \circ f$（简记为 gf）。

例 5.6 设 $X = \{1, 2, 3, 4\}$，$Y = \{1, 2, 3, 4, 5\}$，$Z = \{1, 2, 3\}$，且

$f: X \rightarrow Y$，$f = \{\langle 1, 2 \rangle, \langle 2, 1 \rangle, \langle 3, 3 \rangle, \langle 4, 5 \rangle\}$

$g: Y \rightarrow Z$，$g = \{\langle 1, 1 \rangle, \langle 2, 2 \rangle, \langle 3, 3 \rangle, \langle 4, 3 \rangle, \langle 5, 2 \rangle\}$

求 $g \circ f$。

解 $g \circ f = \{\langle 1, 2 \rangle, \langle 2, 1 \rangle, \langle 3, 3 \rangle, \langle 4, 2 \rangle\}$

例 5.7 设 f、g 均为实函数，$f(x)=2x+1$，$g(x)=x^2+1$，求 $f \circ g$、$g \circ f$、$f \circ f$、$g \circ g$。

解 因为

$$f \circ g(x) = fg(x) = f(g(x)) = 2(x^2+1)+1 = 2x^2+3$$

$$g \circ f(x) = (2x+1)^2+1 = 4x^2+4x+2$$

$$f \circ f(x) = 2(2x+1)+1 = 4x+3$$

$$g \circ g(x) = (x^2+1)^2+1 = x^4+2x^2+2$$

所以

$$f \circ g = \{\langle x, 2x^2+3 \rangle \mid x \in \mathbf{R}\}$$

$$g \circ f = \{\langle x, 4x^2+4x+2 \rangle \mid x \in \mathbf{R}\}$$

$$f \circ f = \{\langle x, 4x+3 \rangle \mid x \in \mathbf{R}\}$$

$$g \circ g = \{\langle x, x^4+2x^2+2 \rangle \mid x \in \mathbf{R}\}$$

定理 5.3 设有函数 $f: X \to Y$，$g: Y \to Z$。

(1) 若 f 和 g 是满射，则 $g \circ f$ 是满射；

(2) 若 f 和 g 是单射，则 $g \circ f$ 是单射；

(3) 若 f 和 g 是双射，则 $g \circ f$ 是双射。

证明 (1) $\forall z \in Z$，因为 g 是满射，故 $\exists y \in Y$，使得 $g(y)=z$；又因为 f 是满射，故 $\exists x \in X$，使得 $f(x)=y$，所以，$g \circ f(x)=g(f(x))=g(y)=z$，即 $\forall z \in Z$，$\exists x \in X$，使得 $g \circ f(x)=z$。因此，$\mathrm{ran}\,(g \circ f)=Z$，$g \circ f$ 是满射。

(2) 对 $\forall x_1, x_2 \in X$，$x_1 \neq x_2$，因为 f 是单射，故 $f(x_1) \neq f(x_2)$；又因为 g 是单射，故 $g(f(x_1)) \neq g(f(x_2))$，于是 $x_1 \neq x_2 \Rightarrow g \circ f(x_1) \neq g \circ f(x_2)$。所以，$g \circ f$ 是单射。

(3) 因为 f 和 g 是双射，根据(1)和(2)知，$g \circ f$ 为满射和单射，即 $g \circ f$ 是双射。

定理 5.4 设有函数 $f: X \to Y$，$g: Y \to Z$。

(1) 若 $g \circ f$ 是满射，则 g 是满射；

(2) 若 $g \circ f$ 是单射，则 f 是单射；

(3) 若 $g \circ f$ 是双射，则 g 是满射，f 是单射。

证明 (1) 因为 $g \circ f$ 是满射，则 $\mathrm{ran}\,(g \circ f)=Z$，$\forall z \in Z$，$\exists x \in X$，使得 $g \circ f(x)=z$，故 $\exists y \in Y$，使得 $y=f(x)$，$z=g(y)$，可见，$\mathrm{ran}\,g=Z$。所以，g 是满射。

(2) 设 $x_1, x_2 \in X$ 且 $x_1 \neq x_2$。因为 $g \circ f$ 是单射，故 $g \circ f(x_1) \neq g \circ f(x_2)$，即 $g(f(x_1)) \neq g(f(x_2))$。因为 g 是一个函数，则 $f(x_1) \neq f(x_2)$，即 $x_1 \neq x_2 \Rightarrow f(x_1) \neq f(x_2)$。所以，$f$ 是单射。

(3) $g \circ f$ 是双射，则 $g \circ f$ 是满射且是单射。$g \circ f$ 是满射，由(1)可知 g 是满射；$g \circ f$ 是单射，由(2)可知 f 是单射。

定理 5.4 说明定理 5.3 的逆定理只能部分成立。例如，如图 5.3 所示，复合函数 $g \circ f$ 是双射，但 g 是满射而不是单射，f 是单射而不是满射。

实际上，若 $g \circ f$ 是满射，则 g 是满射，而 f 可以是任意函数。类似地，若 $g \circ f$ 是单射，则 f 是单射，而 g 可以是任意函数。

由于函数的复合仍然是一个函数，故可求三个以上函数的复合。

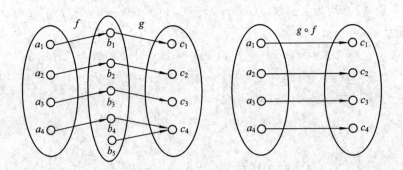

图 5.3　f、g 和 $g \circ f$ 的函数关系图

例 5.8　设 $\mathbf{R}$ 为实数集合，对 $x \in \mathbf{R}$，有 $f(x) = x + 2$，$g(x) = x - 2$，$h(x) = 3x$，求 $g \circ f$、$h \circ g$、$(h \circ g) \circ f$ 与 $h \circ (g \circ f)$。

解
$$g \circ f = \{\langle x, x \rangle \mid x \in \mathbf{R}\}$$
$$h \circ g = \{\langle x, 3(x - 2) \rangle \mid x \in \mathbf{R}\}$$
$$(h \circ g) \circ f = \{\langle x, 3x \rangle \mid x \in \mathbf{R}\}$$
$$h \circ (g \circ f) = \{\langle x, 3x \rangle \mid x \in \mathbf{R}\}$$

由此得 $h \circ (g \circ f) = (h \circ g) \circ f$。

一般地，有如下定理：

定理 5.5　设有函数 $f: X \to Y$，$g: Y \to Z$ 和 $h: Z \to W$，则有 $h \circ (g \circ f) = (h \circ g) \circ f$。

证明　这可由关系的复合运算的可结合性得出，这里我们直接由函数相等的定义证明。

首先 $h \circ (g \circ f)$ 和 $(h \circ g) \circ f$ 都是从 X 到 W 的函数。另外，对任一 $x \in X$，有
$$h \circ (g \circ f)(x) = h((g \circ f)(x)) = h(g(f(x))) = h \circ g(f(x)) = (h \circ g) \circ f(x)$$
由元素 x 的任意性知，$h \circ (g \circ f) = (h \circ g) \circ f$。

由此可见，函数的复合运算满足结合律。因此，多个函数复合时可去掉括号。对三个函数的复合，即有 $h \circ (g \circ f) = (h \circ g) \circ f = h \circ g \circ f$。

若有函数 $f: X \to X$，则 $f \circ f$ 仍为从 X 到 X 的函数，简记为 f^2。一般地，$f \circ f \circ \cdots \circ f$（$n$ 个 f 复合）简记为 f^n。显然，有
$$\begin{cases} f^0(x) = I_X(x) = x \\ f^{n+1}(x) = f(f^n(x)) \end{cases}$$

注意　函数的复合运算不满足交换律。

例 5.9　设 $X = \{1, 2, 3\}$，$f: X \to X$，$f = \{\langle 1, 2 \rangle, \langle 2, 2 \rangle, \langle 3, 1 \rangle\}$，$g: X \to X$，$g = \{\langle 1, 2 \rangle, \langle 2, 1 \rangle, \langle 3, 3 \rangle\}$，则 $g \circ f = \{\langle 1, 1 \rangle, \langle 2, 1 \rangle, \langle 3, 2 \rangle\}$，$f \circ g = \{\langle 1, 2 \rangle, \langle 2, 2 \rangle, \langle 3, 1 \rangle\}$。所以，$g \circ f \neq f \circ g$。

函数的复合运算还有如下明显的性质：

定理 5.6　设函数 $f: X \to Y$，则 $f = f \circ I_X = I_Y \circ f$。

证明　对 $\forall x \in X$，$\forall y \in Y$，有 $I_X(x) = x$，$I_Y(y) = y$，则
$$(f \circ I_X)(x) = f(I_X(x)) = f(x)$$

$$(I_Y \circ f)(x) = I_Y(f(x)) = f(x)$$

所以，$f = f \circ I_X = I_Y \circ f$。

当 $X = Y$ 时，有 $f = f \circ I_X = I_X \circ f$。

定义 5.7　设函数 $f: X \to X$，且 $f^2 = f$，则称 f 是幂等函数。

例如，设函数 $f: A \to A$，$A = \{a, b, c\}$，$f(a) = b$，$f(b) = b$，$f(c) = c$，则有 $f^2 = f$，那么 f 就是一个幂等函数。

5.2.2　反函数

在关系的定义中曾提到，从 X 到 Y 的关系 R，其逆关系 R^{-1} 是从 Y 到 X 的关系，即 $\langle y, x \rangle \in R^{-1} \Leftrightarrow \langle x, y \rangle \in R$。但是，对于函数就不能用简单的交换序偶的元素而得到反函数，这是因为若有函数 $f: X \to Y$，但 f 的值域 $\mathrm{ran}\, f$ 可能只是 Y 的一个真子集，即 $\mathrm{ran}\, f \subset Y$，此时，$\mathrm{dom}\, f^{-1} = \mathrm{ran}\, f \subset Y$，这不符合函数对定义域的要求。此外，若 $X \xrightarrow{f} Y$ 的函数是多对一的，即有 $\langle x_1, y \rangle \in f$，$\langle x_2, y \rangle \in f$，$x_1 \neq x_2$，其逆关系将有 $\langle y, x_1 \rangle \in f^{-1}$，$\langle y, x_2 \rangle \in f^{-1}$，$x_1 \neq x_2$，这就违反了函数单值性的要求。为此，有如下定理：

定理 5.7　设 $f: X \to Y$ 是一个双射，则 f^{-1} 是 $Y \to X$ 的一个双射。

证明　设 $f = \{\langle x, y \rangle \mid x \in X \wedge y \in Y \wedge y = f(x)\}$，$f^{-1} = \{\langle y, x \rangle \mid \langle x, y \rangle \in f\}$，因为 f 是满射，故对每一 $y \in Y$，必存在 $\langle x, y \rangle \in f$。所以，$\langle y, x \rangle \in f^{-1}$，即 f^{-1} 的定义域为 Y。又因为 f 是单射，对每一个 $y \in Y$ 恰有一个 $x \in X$，使得 $\langle x, y \rangle \in f$，即仅有一个 $x \in X$，使得 $\langle y, x \rangle \in f^{-1}$，$y$ 对应唯一的 x，故 f^{-1} 是函数。

因为 $\mathrm{ran}\, f^{-1} = \mathrm{dom}\, f = X$，所以 f^{-1} 是满射。

又设 $y_1 \neq y_2$ 时，有 $f^{-1}(y_1) = f^{-1}(y_2)$，令 $f^{-1}(y_1) = x_1$，$f^{-1}(y_2) = x_2$，则 $x_1 = x_2$，故 $f(x_1) = f(x_2)$，即 $y_1 = y_2$，与假设矛盾。所以 $f^{-1}(y_1) \neq f^{-1}(y_2)$，即 f^{-1} 是单射。

因此，f^{-1} 是一个双射。

定义 5.8　设 $f: X \to Y$ 是一个双射，则称 $Y \to X$ 的双射 f^{-1} 为 f 的反函数（逆映射），记为 f^{-1}。

例如，设 $X = \{0, 1, 2\}$，$Y = \{a, b, c\}$。若 $f: X \to Y$ 为 $f = \{\langle 0, c \rangle, \langle 1, a \rangle, \langle 2, b \rangle\}$，则有 $f^{-1}: Y \to X$，$f^{-1} = \{\langle a, 1 \rangle, \langle b, 2 \rangle, \langle c, 0 \rangle\}$。

若 $f = \{\langle 0, c \rangle, \langle 1, a \rangle, \langle 2, a \rangle\}$，则 f 的逆关系 $f^{-1} = \{\langle a, 1 \rangle, \langle a, 2 \rangle, \langle c, 0 \rangle\}$ 就不是一个函数。

再如，$f: R \to R$，$f(x) = x^3 - 2$，则 $f^{-1}(x) = \sqrt[3]{x+2}$。

反函数具有以下一些重要性质：

定理 5.8　如果函数 $f: X \to Y$ 有反函数 $f^{-1}: Y \to X$，则 $f^{-1} \circ f = I_X$，$f \circ f^{-1} = I_Y$。

证明　因为 $f: X \to Y$ 是双射，故 $f^{-1}: Y \to X$ 也是双射。由定理 5.3 知，$f^{-1} \circ f: X \to X$ 和 $f \circ f^{-1}: Y \to Y$ 都是双射。

任取 $x \in X$，$y \in Y$，若 $f(x) = y$，$f^{-1}(y) = x$，则 $(f^{-1} \circ f)(x) = f^{-1}(f(x)) = f^{-1}(y) = x$，$(f \circ f^{-1})(y) = f(f^{-1}(y)) = f(x) = y$。

所以，$f^{-1} \circ f = I_X$，$f \circ f^{-1} = I_Y$。

定理 5.9 若 $f: X \rightarrow Y$ 是双射, 则 $(f^{-1})^{-1} = f$。

证明 因为 $f: X \rightarrow Y$ 是双射, $f^{-1}: Y \rightarrow X$ 是双射, 所以 $(f^{-1})^{-1}: X \rightarrow Y$ 也是双射。由于 $\text{dom } f = \text{dom}(f^{-1})^{-1} = X$ 且 $\langle x, y \rangle \in (f^{-1})^{-1} \Leftrightarrow \langle y, x \rangle \in f^{-1} \Leftrightarrow \langle x, y \rangle \in f$, 因此 $(f^{-1})^{-1} = f$。

定理 5.10 若 $f: X \rightarrow Y$, $g: Y \rightarrow Z$ 均为双射, 则 $(g \circ f)^{-1} = f^{-1} \circ g^{-1}$。

证明 (1) 因为 $f: X \rightarrow Y$, $g: Y \rightarrow Z$ 均为双射, 故 f^{-1} 和 g^{-1} 均存在, 且 $f^{-1}: Y \rightarrow X$, $g^{-1}: Z \rightarrow Y$ 均为双射, 所以 $f^{-1} \circ g^{-1}: Z \rightarrow X$ 为双射。

由定理 5.3 知, $g \circ f: X \rightarrow Z$ 是双射, 故 $(g \circ f)^{-1}: Z \rightarrow X$ 是双射, 且 $\text{dom}(f^{-1} \circ g^{-1}) = \text{dom}(g \circ f)^{-1} = Z$。

(2) 对任意 $z \in Z \Rightarrow$ 存在唯一 $y \in Y$, 使得 $g(y) = z \Rightarrow$ 存在唯一 $x \in X$, 使得 $f(x) = y$, 故 $(f^{-1} \circ g^{-1})(z) = f^{-1}(g^{-1}(z)) = f^{-1}(y) = x$。又 $(g \circ f)(x) = g(f(x)) = g(y) = z$, 故 $(g \circ f)^{-1}(z) = x$。因此, 对任一 $z \in Z$, 有 $(g \circ f)^{-1}(z) = (f^{-1} \circ g^{-1})(z)$。

由 (1)、(2) 可知, $f^{-1} \circ g^{-1} = (g \circ f)^{-1}$。

例 5.10 设 $X = \{0, 1, 2\}$, $Y = \{a, b, c\}$, $Z = \{\alpha, \beta, \gamma\}$, 若有 $f: X \rightarrow Y$, $g: Y \rightarrow Z$, 其中, $f = \{\langle 1, c \rangle, \langle 2, a \rangle, \langle 3, b \rangle\}$, $g = \{\langle a, \gamma \rangle, \langle b, \beta \rangle, \langle c, \alpha \rangle\}$, 求 $(g \circ f)^{-1}$ 和 $f^{-1} \circ g^{-1}$。

解
$$g \circ f = \{\langle 1, \alpha \rangle, \langle 2, \gamma \rangle, \langle 3, \beta \rangle\}$$
$$(g \circ f)^{-1} = \{\langle \alpha, 1 \rangle, \langle \beta, 3 \rangle, \langle \gamma, 2 \rangle\}$$
$$f^{-1} = \{\langle c, 1 \rangle, \langle a, 2 \rangle, \langle b, 3 \rangle\}$$
$$g^{-1} = \{\langle \alpha, c \rangle, \langle \beta, b \rangle, \langle \gamma, a \rangle\}$$
$$f^{-1} \circ g^{-1} = \{\langle \alpha, 1 \rangle, \langle \beta, 3 \rangle, \langle \gamma, 2 \rangle\}$$

可见, $(g \circ f)^{-1} = f^{-1} \circ g^{-1}$。

本 章 小 结

本章对函数相关的概念做了简单的介绍, 主要包括函数的定义域、值域、函数相等、单射、满射、双射等, 以及函数的复合运算和反函数及相关定理。

函数是一个基本的数学概念, 它是一种特殊的二元关系。我们所讨论的是离散函数, 它能把一个集合(输入集合)的元素变成另一个集合(输出集合)的元素。例如, 计算机中的程序可以把一定范围内的任一组数据变化成另一组数据, 它就是一个函数。编译程序则能把一个源程序变换成一个机器语言的指令集合——目标程序。

函数的概念经常出现在开关理论、自动机理论和可计算理论等领域中, 离散结构之间的函数关系在计算机科学研究中已显示出极其重要的意义, 有着广泛的应用。

习 题 5

1. 下列关系中能构成函数的是(　　)。
    A. $\{\langle x, y \rangle | (x, y \in \mathbf{N}) \wedge (x + y < 10)\}$
    B. $\{\langle x, y \rangle | (x, y \in \mathbf{R}) \wedge (y = x^2)\}$

    C. $\{\langle x, y \rangle \mid (x, y \in \mathbf{R}) \wedge (y^2 = x)\}$

    D. $\{\langle x, y \rangle \mid (x, y \in \mathbf{Z}) \wedge (x \equiv y(\bmod 3))\}$

2. 52 张扑克牌分配给 4 个桥牌比赛者进行比赛，那么扑克牌集合 A 到桥牌比赛者集合 B 的函数 $f: A \rightarrow B$ 是（　　）。

    A. 单射　　　　　　　　　　　　　B. 满射

    C. 双射　　　　　　　　　　　　　D. 映射

3. 设 $\mathbf{Z}$ 为整数集，$f: \mathbf{Z} \rightarrow \mathbf{Z}$，$f(i) = i(\bmod 3)$，则 f（　　）。

    A. 是单射不是满射　　　　　　　　B. 是满射不是单射

    C. 既非单射也非满射　　　　　　　D. 是双射

4. 设 $f: \mathbf{N} \rightarrow \mathbf{N} \times \mathbf{N}$，$f(n) = \langle n, n+1 \rangle$，$\forall n \in \mathbf{N}$，则 f（　　）。

    A. 是单射不是满射　　　　　　　　B. 是满射不是单射

    C. 既非单射也非满射　　　　　　　D. 是双射

5. 设 f、g、h 是集合 A 上的任意函数，下列命题为真命题的是（　　）。

    A. $f \circ g = g \circ f$　　　　　　　　　B. $f \circ f = f$

    C. $f \circ (g \circ h) = (f \circ g) \circ h$　　　　D. $f \circ g = h$

6. 设 $g \circ f$ 是一个复合函数，下列命题为假命题的是（　　）。

    A. 若 $g \circ f$ 是满射，则 g 是满射

    B. 若 $g \circ f$ 是单射，则 f 是单射

    C. 若 $g \circ f$ 是双射，则 f 和 g 都是双射

    D. 若 f 和 g 都是双射，则 $g \circ f$ 是双射

7. 设 $f = \{\langle \varnothing, \{\varnothing, \{\varnothing\}\}\rangle, \langle\{\varnothing\}, \varnothing\rangle\}$ 为一函数，计算 $f(\varnothing)$、$f(\{\varnothing\})$、$f(\{\varnothing, \{\varnothing\}\})$。

8. 设 $X = \{a, b, c, d\}$，$Y = \{1, 2, 3, 4\}$，$f: X \rightarrow Y$ 为 $f = \{\langle a, 1 \rangle, \langle b, 3 \rangle, \langle c, 1 \rangle, \langle d, 4 \rangle\}$，求 $f(\{a\})$、$f(\{a, b\})$、$f(\{a, b, c\})$ 和 $f(\{a, b, c, d\})$。

9. 证明以下函数是双射：

(1) $f: \mathbf{R} \rightarrow \mathbf{R}^+$，$\forall x \in \mathbf{R}$，$f(x) = \mathrm{e}^x$；

(2) 设 $a, b \in \mathbf{R}$，$a < b$，$f: [a, b] \rightarrow [0, 1]$ 为 $f(x) = \dfrac{x-a}{b-a}$；

(3) 函数 $f: \mathbf{R} \times \mathbf{R} \rightarrow \mathbf{R} \times \mathbf{R}$，$f(\langle x, y \rangle) = \langle \dfrac{x+y}{2}, \dfrac{x-y}{2} \rangle$。

第 6 章 图 论

☞ **本章学习目标**

· 熟悉路、图及连通性等图的相关概念

· 掌握图的矩阵表示

· 掌握握手定理的应用

· 理解欧拉图、哈密顿图的定义

· 掌握欧拉图、哈密顿图的判定及应用

6.1 图的基本概念

在日常生活、生产活动和科学研究中，人们常用点表示事物，用点与点之间是否有连线表示事物之间是否有某种关系，这样构成的图形就是图论中的图。这种用图形来表示事物之间的某种关系的方法在第 4 章中已使用过。在这些图中，人们只关心点与点之间是否有连线，而并不关心点的位置，以及连线的长短曲直，这是图论中的图与几何学中的图形的本质区别。根据连接点的连线是否有方向，可将图分为无向图和有向图。

6.1.1 无向图和有向图

定义 6.1 一个图 G 是一个序偶 $\langle V(G), E(G) \rangle$，记为 $G = \langle V(G), E(G) \rangle$。其中，$V(G)$ 是非空结点集合，$E(G)$ 是边集合，对 $E(G)$ 中的每条边，有 $V(G)$ 中的结点的有序偶或无序偶与之对应。

若边 e 所对应的结点对是有序偶 $\langle a, b \rangle$，则称 e 是有向边。其中，a 称为边 e 的始点，b 称为边 e 的终点，统称为 e 的端点。若边 e 所对应的结点对是无序偶 (a, b)，则称 e 是无向边。这时统称 e 与两个结点 a 和 b 互相关联。

我们将结点 a、b 的无序结点对记为 (a, b)，有序结点对记为 $\langle a, b \rangle$。一个图 G 可以用一个图形来表示且表示是不唯一的。

例 6.1 设 $G = \langle V(G), E(G) \rangle$，其中 $V(G) = \{a, h, c, d\}$，$E(G) = \{e_1, e_2, e_3, e_4, e_5, e_6, e_7\}$，$e_1 = (a, b)$，$e_2 = (a, c)$，$e_3 = (b, d)$，$e_4 = (b, c)$，$e_5 = (c, d)$，$e_6 = (a, d)$，$e_7 = (b, b)$，那么图 G 可用图 6.1(a) 或图 6.1(b) 表示。

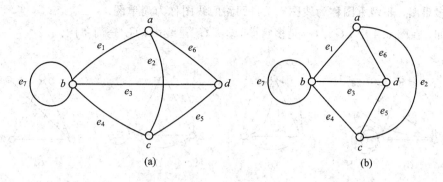

图 6.1 例 6.1 图 G

定义 6.2 每一条边都是无向边的图称为无向图。每一条边都是有向边的图称为有向图。如果在图中，一些边是有向边，一些边是无向边，则称之为混合图。

例如，在图 6.2 中，G_1 是无向图，G_2 是有向图，G_3 是混合图。

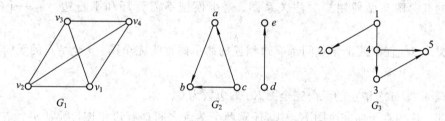

图 6.2 无向图、有向图和混合图

今后我们只讨论有向图和无向图。

定义 6.3 在一个图中，若两个结点由一条有向边或一条无向边关联，则这两个结点称为邻接点。不与任何结点相邻接的结点，称为孤立点。含有 n 个结点、m 条边的图称为 (n, m) 图。仅由孤立点组成的 $(n, 0)$ 图称为零图。仅由一个孤立点构成的 $(1, 0)$ 图称为平凡图。

由定义可知，平凡图一定是零图。

平凡图只有一个结点，没有边。在图的定义中规定结点集 V 为非空集合，但是在运算中可能产生结点集为空集的运算结果，因此规定结点集为空集的图为空图，记为 $\varnothing$。

关联于同一结点的两条边称为邻接边。关联于同一结点的一条边称为自回路或环。环的方向是没有意义的，它既可作为有向边，也可作为无向边。

例如，图 6.3 中的 e_1 与 e_2 以及 e_1 与 e_4 是邻接边，e_5 是环。

在一个图中，有时一对结点间常常不止一条边，例如图 6.3 中，结点 v_1 与结点 v_2 之间有两条边 e_1 与 e_2。

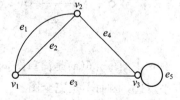

图 6.3 邻接边和环

定义 6.4 在无向图中，如果关联于一对结点的无向边多于 1 条，则称这些边为平行边，平行边的条数称为重数。在有向图中，如果关联于一对结点的有向边多于 1 条，并且这些边的始点与终点相同（也就是它们的方向相同），则称这些边为平行边。含有平行边的图称为多重图，非多重图称为线图，无自回路的线图称为简单图。

例如，在图 6.4 中，G_1、G_2 是多重图，G_3、G_4 是线图，G_4 是简单图。

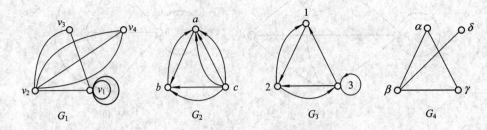

图 6.4　多重图、线图和简单图

例 6.2　微博关注图。

微博是一种通过关注机制分享简短实时信息的广播式社交网络平台，每个用户用一个结点表示，如果用户 a 关注用户 b，则用一条由 a 指向 b 的有向边连接结点 a 和结点 b，这样得到的有向图是微博用户关注关系图。这个模型不需要环和平行边，是一个简单有向图。

定义 6.5　任意两个结点间都有边相连的简单图称为完全图。n 个结点的无向完全图记为 K_n。

定理 6.1　n 个结点的无向完全图 K_n 的边数为 C_n^2。

证明　因为在无向完全图 K_n 中，任意两个结点之间都有边相连，所以 n 个结点中任取两个点的组合数为 C_n^2，故无向完全图 K_n 的边数为 C_n^2。

如果在 K_n 中，对每条边任意确定一个方向，就称该图为 n 个结点的有向完全图。显然，有向完全图的边数也是 C_n^2。

例 6.3　图 6.5 分别给出了 1 个结点、2 个结点、3 个结点、4 个结点和 5 个结点的无向完全图。

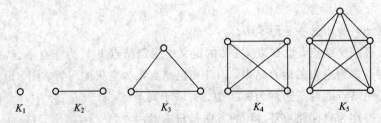

图 6.5　无向完全图

例 6.4　图 6.6(a) 是简单图，并且是完全图；图 6.6(b) 是多重图，因为结点 a 与 c 之间有平行边，因而不是完全图。

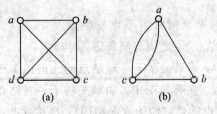

图 6.6　例 6.4 图

定义 6.6 给每条边都赋予权的图 $G=\langle V,E\rangle$ 称为赋权图，赋权图又称带权图或加权图，记为 $G=\langle V,E,W\rangle$，其中 W 为各边权的集合。非赋权图称为无权图。

带权图在实际生活中有着广泛的应用，例如在城市交通运输图中，可以赋予每条边以公里数、耗油量、运货量等。与此类似，在表示输油管系统的图中，每条边所指定的权表示单位时间内流经输油管断面的石油数量。例如，图 6.7(a)、(b) 是赋权图。

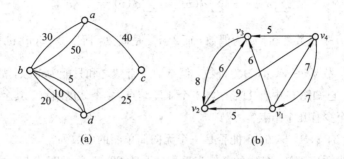

(a)   (b)

图 6.7 赋权图

注意 赋权图中各边的权值可以是正数、负数或零。

6.1.2 结点的度数

研究图的性质就必须研究结点与边的关联关系。为此，我们引入结点的度数的概念。

定义 6.7 在有向图 $G=\langle V,E\rangle$ 中，射入结点 $v(v\in V)$ 的边数称为结点 v 的引入度数，简称入度，记为 $\overrightarrow{\deg}(v)$ 或 $d^-(v)$；由结点 $v(v\in V)$ 射出的边数称为结点 v 的引出度数，简称出度，记为 $\overleftarrow{\deg}(v)$ 或 $d^+(v)$。结点 v 的入度与出度之和称为结点 v 的度数，记为 $\deg(v)$ 或 $d(v)$，即 $d(v)=d^+(v)+d^-(v)$。

在无向图 $G=\langle V,E\rangle$ 中，以结点 $v(v\in V)$ 为端点的边的条数称为结点 v 的度数，记为 $\deg(v)$ 或 $d(v)$。若 v 有环，则规定该结点的度数因环而增加 2。孤立点的度数为 0。

对于图 $G=\langle V,E\rangle$，度数为 1 的结点称为悬挂结点，它所关联的边称为悬挂边。度数为奇数的结点称为奇度结点，度数为偶数的结点称为偶度结点。

此外，我们记 $\Delta(G)=\max\{d(v)|v\in V(G)\}$，$\delta(G)=\min\{d(v)|v\in V(G)\}$，分别称为图 $G=\langle V,E\rangle$ 的最大度和最小度。

例如：在图 6.4 的 G_1 中，$d(v_1)=6$，$d(v_2)=5$，$d(v_3)=2$，$d(v_4)=3$，$\Delta(G)=6$，$\delta(G)=2$；在图 6.4 的 G_2 中，$d^-(a)=4$，$d^+(a)=1$，$d(a)=5$，$d^-(b)=3$，$d^+(b)=1$，$d(b)=4$，$d^+(c)=d(c)=5$，$\Delta(G)=5$，$\delta(G)=4$。

下面的定理是欧拉在 1936 年给出的，称为握手定理，它是图论中的基本定理。

定理 6.2 每个图中，结点度数的总和等于边数的两倍，即

$$\sum_{v\in V}d(v)=2|E|$$

证明 因为每条边必关联两个结点，而一条边给予关联的每个结点的度数为 1，因此，在一个图中，结点度数的总和等于边数的两倍。

对于有向图，我们还可以说得更精确一点：若 $G=\langle V, E\rangle$ 是有向图，则所有结点的出度之和等于所有结点的入度之和，即 $\sum\limits_{v\in V}d^{-}(v) = \sum\limits_{v\in V}d^{+}(v) = |E|$。

定理 6.3 在任何图中，奇度结点必定是偶数个。

证明 设 V_1 和 V_2 分别是图 G 中奇度结点和偶度结点的集合，则由定理 6.2 有

$$\sum_{v\in V_1}d(v) + \sum_{v\in V_2}d(v) = \sum_{v\in V}d(v) = 2|E|$$

由于 $\sum\limits_{v\in V_2}d(v)$ 是偶数之和，必为偶数，而 $2|E|$ 是偶数，所以 $\sum\limits_{v\in V_1}d(v)$ 也是偶数，而 V_1 为奇度结点的集合，故 $\forall v\in V$，$d(v)$ 为奇数，但奇数个奇数之和只能为奇数，故 $|V_1|$ 是偶数。

例 6.5 (1) 已知图 G 中有 11 条边，1 个 4 度结点，4 个 3 度结点，其余结点的度数均不大于 2，问 G 中至少有几个结点？

(2) 数列 1，3，3，4，5，6，6 能否是一个无向简单图的度数列？

解 (1) 由握手定理知，G 中的各结点度数之和为 22，1 个 4 度结点，4 个 3 度结点，共占去 16 度，还剩 6 度。若其余结点全是 2 度点，还需 3 个结点，故 G 至少有 $1+4+3=8$ 个结点。

(2) 如果存在这样一个无向简单图，那么将它的一个 6 度结点去掉，得到的无向简单图的度数列为 0，2，2，3，4，5；再将这一图的 5 度结点去掉，得到的简单图具有度数列 0，1，1，2，3。但这一图有 3 个奇度结点，这与定理 6.3 相矛盾，故数列 1，3，3，4，5，6，6 不是一个无向简单图的度数列。

例 6.6 碳氢化合物中氢原子的个数是偶数。

解 以每个原子为结点，每条化学键为边，则碳氢化合物就是一个图。每个氢原子对应的结点的度数为 1，由握手定理知，氢原子的个数是偶数。

6.1.3 子图与补图

定义 6.8 设图 $G=\langle V, E\rangle$ 为无向图。

(1) 设 $e\in E$，从图 G 中删去边 e 得到的图表示为 $G-e$，称为删除边运算；设 $E'\subset E$，从图 G 中删去 E' 的所有边得到的图表示为 $G-E'$，称为删除边集运算。

(2) 设 $v\in V$，从图 G 中删去结点 v 及 v 关联的所有边得到的图表示为 $G-v$，称为删除结点运算；设 $V'\subset V$，从图 G 中删去 V' 中所有结点及它们关联的所有边得到的图表示为 $G-V'$，称为删除结点集运算。

(3) 设 $e=(u, v)\in E$，从图 G 中删去边 e，将 e 的两个端点 u, v 用一个新的结点 w（可以用 u 或 v 充当 w）代替，并使结点 w 关联除 e 以外 u, v 关联的所有边，称为边 e 的收缩，表示为 $G\backslash e$。

(4) 设 $u, v\in V(u, v$ 可能邻接，也可能不邻接)，在 u, v 之间加一条边 (u, v)，称为加新边，表示为 $G\cup(u, v)$ 或 $G+(u, v)$。

例 6.7 在图 6.8 中，图(a)为图 G，图(b)为 $G-e_1$，图(c)为 $G-\{e_1, e_4\}$，图(d)为 $G-v_3$，图(e)为 $G-\{v_1, v_3\}$，图(f)为 $G\backslash e_1$。

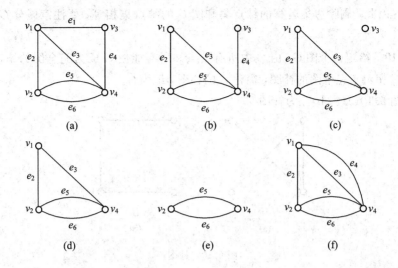

图 6.8 图的运算

定义 6.9 设 $G=\langle V, E\rangle$ 和 $G'=\langle V', E'\rangle$ 是两个图。

(1) 若 $E'\subseteq E$ 且 $V'\subseteq V$，则称 G' 是 G 的子图，G 是 G' 的母图，记为 $G'\subseteq G$。

(2) 若 G' 是 G 的子图，且 $E'\subset E$，则称 G' 是 G 的真子图。

(3) 若 $E'\subseteq E$ 且 $V'=V$，则称 G' 是 G 的生成子图或支撑子图。

(4) 对图 $G=\langle V, E\rangle$，设 $V'\subseteq V$ 且 $V'\neq\varnothing$，以 V' 为结点集，以两端点均在 V' 中的全体边为边集的 G 的子图，称 G' 为 G 的由结点集 V' 导出的子图，记为 $G(V')$。

(5) 对图 $G=\langle V, E\rangle$，设 $E'\subseteq E$ 且 $E'\neq\varnothing$，以 E' 为边集，以 E' 中边关联的结点的全体为结点集的 G 的子图，称 G' 为 G 的由边集 E' 导出的子图，记为 $G(E')$。

例 6.8 在图 6.9 中，图(a)、图(b)、图(c)是图(a)的子图，图(b)、图(c)是真子图，图(a)是母图。图(a)、图(c)是图(a)的生成子图。图(b)是 $\{d, e, f\}$ 的导出子图，也是 $\{e_5, e_6, e_7\}$ 的导出子图。图(c)是 $\{e_1, e_3, e_5, e_7\}$ 的导出子图。

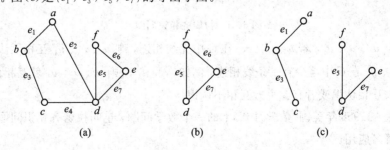

图 6.9 子图

$G(V-V')$ 是 G 的由结点集 $V-V'$ 导出的子图，也就是在图 G 中删去结点集 V' 中的所有结点以及它们关联的边的 G 的子图，常将 $G(V-V')$ 记为 $G-V'$。$G(E-E')$ 是 G 的由边集 $E-E'$ 导出的子图，是在图 G 中删去边集 E' 中的所有边，同时删去所关联的边都在 E' 中的结点的 G 的子图。$G-E'$ 是在图 G 中删去边集 E' 中的所有边所得到的子图，是边集合为 $E-E'$ 的生成子图。在删除边集运算时，即使一个结点关联的边都被删去了，该结点仍然要保留，不能一起删去。因此，删除边集运算的结点集和图 G 的结点集相等，要注意区分 $G(E-E')$ 和 $G-E'$。

定义 6.10 给定一个图 G，由 G 中所有结点和所有能使 G 成为完全图的添加边组成的图，称为图 G 相对于完全图的补图，简称 G 的补图，记为 $\bar{G}$。

例如，图 6.10(a)、(b)互为补图。

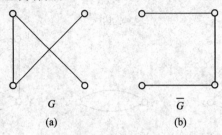

图 6.10　补图

另外，由定义可知，零图和完全图互为补图。

例 6.9 证明：在任意 6 个人的集会上，总会有 3 个人互相认识或者有 3 个人互相不认识（假设认识是相互的）。

证明 把参加某会议的人视为结点，若两人认识，则两人之间画一连线，于是得到一个图 G。这样问题就转化为证明 G 或 $\bar{G}$ 中至少有一个三角形。

考虑完全图 K_6，顶点 u_1 与其余的 5 个结点有 5 条边相连，这 5 条边中一定有 3 条边落在 G 或 $\bar{G}$ 中。不妨设这 3 条边落在 G 中，且这 3 条边就是 (u_1, u_2)、(u_1, u_3)、(u_1, u_4)（如图 6.11 所示）。

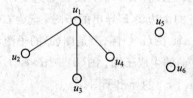

图 6.11　拉姆齐相识问题

考虑结点 u_2、u_3、u_4，若 u_2、u_3、u_4 在 G 中无线相连，则 u_2、u_3、u_4 互相不认识，命题得证；若 u_2、u_3、u_4 在 G 中至少有一条线相连，例如 (u_2, u_3)，则 u_1、u_2、u_3 就互相认识。因此，总会有 3 个人互相认识或者有 3 个人互相不认识。

这是发表在 1958 年美国《数学月刊》上的一个数学问题，也叫拉姆齐相识问题，是图及其补图的一个著名应用。

定义 6.11 设 $G'=\langle V', E'\rangle$ 是图 $G=\langle V, E\rangle$ 的子图，并且给定另外一个图 $G''=\langle V'', E''\rangle$。如果 $E''=E-E'$，且 V'' 由两部分结点组成：

(1) E'' 中的边所关联的结点；

(2) 在 V 中而不在 V' 中的孤立点，

则称 G'' 是子图 G' 相对于图 G 的补图。

例如，在图 6.12 中，图(c)是图(b)相对于图(a)的补图。

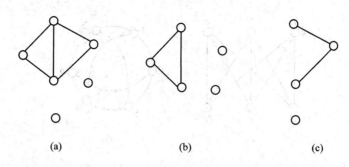

图 6.12 相对补图

6.1.4 图的同构

在图论中我们只关心结点间是否有连线，而不关心结点的位置和连线的形状。因此，对于给定的图而言，如果将图的各结点安排在不同的位置上，并且用不同形状的弧线或直线表示各边，则可以得到各种不同图形。所以，同一个图的图形表示并不唯一。由于这种图形表示的任意性，可能出现这样的情况：看起来完全不同的两种图形，却表示着同一个图。

例如，在图 6.13 中，图（a）和图（b）的图形不同，但它们的结构完全相同，是同一个图。

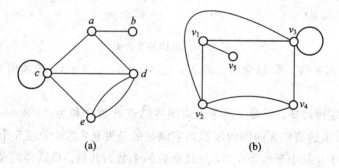

图 6.13 图的同构

为了描述看起来不同而其结构完全相同的图，引入了图的同构的概念。

定义 6.12 设 $G=\langle V, E\rangle$ 和 $G'=\langle V', E'\rangle$ 是两个图，如果存在着双射函数 $f: V \rightarrow V'$ 使得 $\langle v_i, v_j\rangle \in E$（或 $(v_i, v_j) \in E$）当且仅当 $\langle f(v_i), f(v_j)\rangle \in E'$（或 $(f(v_i), f(v_j)) \in E'$），则称 G 与 G' 是同构的，记为 $G \cong G'$。

通过定义可以看出，对于同构的图 G 与 G' 来说，存在着一一对应的关系，将 V 中的结点对应到 V' 中的结点，将 E 中的边对应到 E' 中的边，且保持关联关系，即边 e 关联着结点 v_i 和 v_j，当且仅当 e 对应到 E' 中的边 e' 也关联着 v_i 和 v_j 对应到 V' 中的结点 $f(v_i)$ 和 $f(v_j)$。在有向图的情况下，这种对应关系不但应该保持结点间的邻接关系，而且还应保持边的方向。

例 6.10 如图 6.14 所示，双射函数 $\varphi(a)=1$，$\varphi(b)=3$，$\varphi(c)=5$，$\varphi(d)=2$，$\varphi(e)=4$，$\varphi(f)=6$，在无向简单图 G_1 和 G_2 之间建立了一个同构。

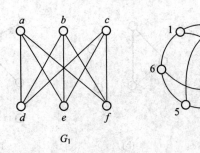

图 6.14　例 6.10 的同构图

图的同构具有自反性、对称性和可传递性。因此，图的同构关系是等价关系。利用这个等价关系可以把图分解成等价类，使得同类中的图相互同构，而不同类中的图互不同构。从抽象的观点来看，相互同构的图可视为同一个图，这样，我们就可以在图的同构类中选一个图来代表它们。由于图本质上与结点和边的标记无关，因此，选出的这个图常常略去结点和边的标记，这个图就称为无标记图。如图 6.15(a)、(b)、(c)、(d)所示的四个图均相互同构，它们属于同一个同构的等价类，而图 6.15(d)就是该类的一个无标记图。

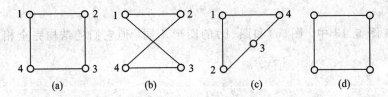

图 6.15　同构的等价类

例 6.11　设 $G = \langle V, E \rangle$ 是简单无向图，且 $|V| = 5$，$|E| = 3$，试画出 G 的所有可能形式（不同构的图）。

解　由握手定理可知，所画的简单无向图各结点度数之和为 $2 \times 3 = 6$。最大度数小于或等于 3。于是所求的简单无向图的度数列应满足的条件是：将 6 分成 5 个非负整数，每个整数均大于或等于 0 且小于或等于 3，并且奇数的个数为偶数。将这样的整数列排列出来，只有下列四种情况：

$$3, 1, 1, 1, 0$$
$$2, 2, 2, 0, 0$$
$$2, 1, 1, 1, 1$$
$$2, 2, 1, 1, 0$$

将每种度数列所有非同构的图都画出来，即得到所要求的全部非同构的图，如图 6.16 所示。

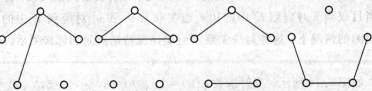

图 6.16　例 6.11 中图 G 的所有可能形式

对于同构，形象地说，若图的结点可以任意挪动位置，而边是完全弹性的，只要在不拉断的条件下，这个图可以变形为另一个图，那么这两个图是同构的。故同构的两个图从外形上看可能不一样，但它们的拓扑结构是一样的。

由此可以总结出判断两个图同构的必要条件是：

（1）结点数目相等；

（2）边数相等；

（3）度数相同的结点数目相等。

需要指出的是，上述三个条件不是两个图同构的充分条件，例如图 6.17 中的两个图满足上述三个条件，但这两个图并不同构。这是因为，图 6.17(a)中的 x 应与图 6.17(b)中的 y 对应，因为度数都是 3。但图 6.17(a)中的 x 与两个度数为 1 的结点 u 和 v 邻接，而图 6.17(b)中的 y 仅与一个度数为 1 的结点 w 邻接。

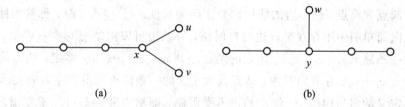

图 6.17 不同构的两个图满足必要条件（一）

同理，图 6.18 中的两个图也不同构。

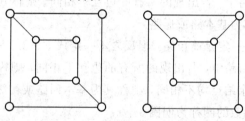

图 6.18 不同构的两个图满足必要条件（二）

寻找一种简单而有效的方法来判定图的同构，至今仍是图论中悬而未决的重要课题。

定义 6.13 如果一个图同构于它的补图，则称此图为自互补图。

例如，图 6.19(a)、(b)所示的两个图是自互补图。

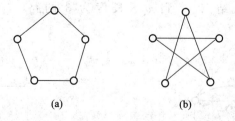

图 6.19 自互补图

例 6.12 证明：一个图为自互补图，其对应的完全图的边数必为偶数。

证明 设 G 为自互补图，G 有 e 条边，并设 G 对应的完全图的边数为 m，则 G 的补图的边数为 $m-e$。对于自互补图 G，有 $G \cong \overline{G}$，所以 $e=m-e$，$m=2e$ 是偶数。

6.2 路与图的连通性

在无向图(或有向图)的研究中,常常考虑从一个结点出发,沿着一些边连续移动而到达另一个指定结点,这种依次由结点和边组成的序列便形成了路的概念。

在图的研究中,路与回路是两个重要的概念,而图是否具有连通性则是图的一个基本特征。

6.2.1 通路与回路

定义 6.14 给定图 $G=\langle V, E\rangle$,设 $v_0, v_1, \cdots, v_m \in V$,边 $e_1, e_2, \cdots, e_m \in E$,其中,$e_i$ 是关联于结点 v_{i-1} 和 v_i 的边,交替序列 $v_0 e_1 v_1 e_2 \cdots e_m v_m$ 称为连接 v_0 到 v_m 的路。v_0 和 v_m 分别称为路的起点和终点,路中边的数目称为该路的长度。当 $v_0 = v_m$ 时,称其为回路。

由于无向简单图中不存在平行边与自回路,每条边可以由结点对唯一表示,所以在无向简单图中一条路 $v_0 e_1 v_1 e_2 \cdots e_m v_m$ 由它的结点序列 $v_0, v_1, \cdots, v_m$ 确定,从而简单图的路可以表示为 $v_0 v_1 \cdots v_m$。在有向图中,结点数大于 1 的一条路也可由边序列来表示。

在上述定义的路与回路中,结点和边不受限制,即结点和边都可以重复出现。下面讨论路与回路中结点和边受限的情况。

定义 6.15 在一条路中,若出现的所有的边互不相同,则称其为简单路或迹;若出现的结点互不相同,则称其为基本路或通路。

由定义可知,基本路一定是简单路,但反之不一定成立。

定义 6.16 在一条回路中,若出现的所有的边互不相同,则称其为简单回路;若简单回路中除 $v_0 = v_m$ 外,其余结点均不相同,则称其为基本回路或初级回路或圈。长度为奇数的圈称为奇圈;长度为偶数的圈称为偶圈。

例如,在图 6.20 中,$v_1 e_1 v_2 e_9 v_6 e_9 v_2 e_8 v_6 e_7 v_5$ 是起点为 v_1、终点为 v_5、长度为 5 的一条路,$v_2 e_4 v_4 e_5 v_5 e_6 v_2 e_1 v_1 e_{10} v_6$ 是简单路,$v_2 e_4 v_4 e_5 v_5 e_6 v_2 e_1 v_1 e_{10} v_6 e_9 v_2$ 是简单回路,$v_3 e_3 v_4 e_5 v_5 e_6 v_2 e_1 v_1 e_{10} v_6$ 是基本路,$v_2 e_1 v_1 e_{10} v_6 e_7 v_5 e_6 v_2$ 是基本回路。

在有向图中要注意边的方向,路上一条边的终点是这条路下一条边的起点。如图 6.21 中的 $v_1 e_2 v_2 e_5 v_4 e_4 v_3$ 是从结点 v_1 到 v_3、长度为 3 的路,$v_1 e_2 v_2 e_5 v_4 e_6 v_2$ 是简单路,$v_1 e_2 v_2 e_5 v_4 e_4 v_3$ 是基本路。

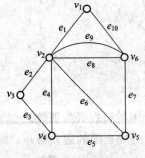

图 6.20 路与回路

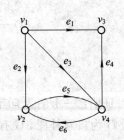

图 6.21 有向图中的路

定义 6.17　在图 G 中，若 v_i 到 v_j 有路连接（这时称 v_i 和 v_j 是连通的），其中长度最短的路的长度称为 v_i 到 v_j 的距离，用符号 $d(v_i, v_j)$ 表示。若 v_i 到 v_j 不存在路，则 $d(v_i, v_j)=\infty$。

例如，在图 6.20 中，$d(v_1, v_5)=2$。

在有向图中，$d(v_i, v_j)$ 不一定等于 $d(v_j, v_i)$，但一般地满足以下性质：

(1) $d(v_i, v_j)\geqslant 0$；

(2) $d(v_i, v_i)=0$；

(3) $d(v_i, v_j)+d(v_j, v_k)\geqslant d(v_i, v_k)$。

定理 6.4　在一个图中，若从结点 u 到 v 存在一条路，则必有一条从 u 到 v 的基本路。

证明　如果从结点 u 到 v 的路已经是基本路，则结论成立。否则，在 u 到 v 的路中至少有一个结点（如 w）重复出现，于是经过 w 有一条回路 C，删去回路 C 上的所有的边，如果得到的 u 到 v 的路上仍有结点重复出现，则继续此法，直到从 u 到 v 的路上没有重复的结点为止，此时所得即为基本路。

定理 6.5　在一个具有 n 个结点的图中，

(1) 任何基本路的长度均不大于 $n-1$；

(2) 任何基本回路的长度均不大于 n。

证明　由于在一个具有 n 个结点的图中，任何基本路中最多有 n 个结点，任何基本回路中最多有 $n+1$ 个结点，所以任何基本路的长度均不大于 $n-1$，任何基本回路的长度均不大于 n。

6.2.2　无向图的连通性

定义 6.18　在无向图 G 中，结点 u 和 v 之间若存在一条路，则称结点 u 和结点 v 是连通的。如果一个无向图的任何两个结点都是连通的，则称这个图是连通图，否则是非连通图或分离图。

定义 6.19　图 G 的一个连通的子图 G'（称为连通子图）若不包含在 G 的任何更大的连通子图中，它就被称为 G 的连通分支。我们把图 G 的连通分支数记为 $W(G)$。

显然，仅当 $W(G)=1$ 时，图 G 才是连通图。

例 6.13　如图 6.22 所示，图(a)是一个连通图，图(b)是一个具有 3 个连通分支的非连通图。

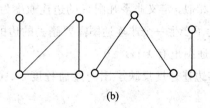

(a)　　　　　　　　　　　　　　　　(b)

图 6.22　连通图与非连通图

对于图的连通性，常常由于删除了图中的结点和边而影响了图的连通性。例如，在连通图 6.23(a)中，若删除边 e，则变成了图 6.23(b)，而图 6.23(b)不再是连通图。

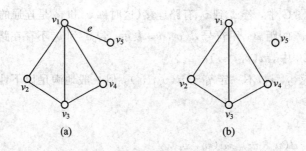

图 6.23　图的连通性的影响

定义 6.20　设无向图 $G=\langle V, E \rangle$ 为连通图，若有结点集 $V'\subseteq V$，使得图 G 删除了 V' 的所有结点后所得到的子图是非连通图，而删除了 V' 的任何真子集后所得到的子图仍是连通图，则称 V' 是 G 的一个点割集。若某一个结点构成一个点割集，则称该结点为割点。

在图 6.24 中，$\{c, d\}$、$\{e\}$、$\{f\}$ 都是点割集，结点 e 和结点 f 是割点。

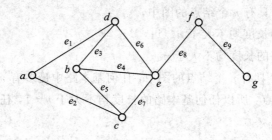

图 6.24　点割集、割点和边割集、割边

若图 G 不是完全图，则定义 $k(G)=\min\{|V'|\,|\,V'$ 是 G 的点割集$\}$ 为 G 的点连通度。点连通度 $k(G)$ 是为了产生一个非连通图需要删去的点的最少数目。于是一个非连通图的点连通度为 0，存在割点的连通图的点连通度为 1。完全图 K_p 中，删去任何 m 个 $(m<p-1)$ 点后仍是连通图，但是删去了 $p-1$ 个点后产生了一个平凡图，故定义 $k(K_p)=p-1$。

定义 6.21　设无向图 $G=\langle V, E \rangle$ 为连通图，若有边集 $E'\subseteq E$，使得图 G 删除了 E' 的所有边后所得到的子图是非连通图，而删除了 E' 的任何真子集后所得到的子图仍是连通图，则称 E' 是 G 的一个边割集。若某一条边构成一个边割集，则称该边为割边或桥。

在图 6.24 中，$\{e_1, e_2\}$、$\{e_1, e_3, e_6\}$、$\{e_8\}$、$\{e_9\}$ 等都是边割集，e_8、e_9 是割边。

与点连通度相似，定义非平凡图 G 的边连通度为 $\lambda(G)=\min\{|E'|\,|\,E'$ 是 G 的边割集$\}$。边连通度 $\lambda(G)$ 是为了产生一个非连通图需要删去的边的最少数目。对平凡图 G 规定 $\lambda(G)=0$，此外，一个非连通图也有 $\lambda(G)=0$。

点连通度和边连通度反映了图的连通程度，$k(G)$ 和 $\lambda(G)$ 的值越大，说明图的连通性越好。

定理 6.6　无向连通图 G 中的结点 v 是割点的充分必要条件是存在结点 u 和 w，使得连接 u 和 w 的每条路都经过 v。

证明　充分性：如果连通图 G 中存在结点 u 和 w，使得连接 u 和 w 的每条路都经过 v，则在子图 $G-\{v\}$ 中 u 和 w 必不可达，故 v 是割点。

必要性：如果 v 是割点，则 $G-\{v\}$ 中至少有两个连通分支 $G_1=\langle V_1,E_1\rangle$ 和 $G_2=\langle V_2,E_2\rangle$，任取 $u\in V_1$，$w\in V_2$，因为 G 连通，故在 G 中必有连接 u 和 w 的路 P，但 u 和 w 在 $G-\{v\}$ 中不可达，因此路 P 必通过 v，即 u 和 w 之间的任意路必经过 v。

定理 6.7　无向连通图 G 中的边 e 是割边的充分必要条件是存在结点 u 和 w，使得连接 u 和 w 的每条路都经过 e。

证明请读者自己完成。

定理 6.8　无向连通图 G 中的边 e 是割边的充分必要条件是 e 不包含在图的任何基本回路中。

证明　$e=(x,y)$ 是连通图 G 的割边当且仅当 x 和 y 在 $G-\{e\}$ 的不同连通分支中，而后者等价于在 $G-\{e\}$ 中不存在从 x 到 y 的路，从而等价于 e 不包含在图的任何基本回路中。于是定理得证。

定理 6.9　对于任意的无向图 G，有 $k(G)\leqslant\lambda(G)\leqslant\delta(G)$。

证明　若 G 不连通，则 $k(G)=\lambda(G)=0$，故原式成立。

若 G 连通，则 (1) 证明 $\lambda(G)\leqslant\delta(G)$。

如果 G 是平凡图，则 $\lambda(G)=0\leqslant\delta(G)$；若 G 是非平凡图，则因为每一个结点的所有关联边必含有一个边割集，故 $\lambda(G)\leqslant\delta(G)$。

(2) 再证 $k(G)\leqslant\lambda(G)$。

① 设 $\lambda(G)=1$，即 G 有一割边，显然这时 $k(G)=1$，故原式成立。

② 设 $\lambda(G)\geqslant 2$，则必可删去某 $\lambda(G)$ 条边，使得 G 不连通，而删去其中 $\lambda(G)-1$ 条边，它仍是连通的，且有一条桥 $e=(u,v)$。对 $\lambda(G)-1$ 条边中的每一条边都选取一个不同于 u、v 的端点，把这些端点删去，则必至少删去 $\lambda(G)-1$ 条边。若这样产生的图是不连通的，则 $k(G)\leqslant\lambda(G)-1<\lambda(G)$；若这样产生的图是连通的，则 e 仍是桥，此时再删去 u 或 v，就必产生一个不连通图，故 $k(G)\leqslant\lambda(G)$。

由 (1) 和 (2) 得 $k(G)\leqslant\lambda(G)\leqslant\delta(G)$。

如图 6.25 是无向连通图，点连通度 $k(G)=1$，边连通度 $\lambda(G)=2$，最小度 $\delta(G)=3$，此图满足 $k(G)\leqslant\lambda(G)\leqslant\delta(G)$。

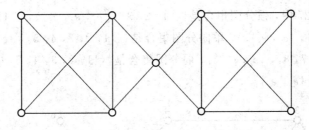

图 6.25　$k(G)\leqslant\lambda(G)\leqslant\delta(G)$

6.2.3　有向图的连通性

对于有向图而言，两个结点的连通是有方向的，因此其连通性比无向图要复杂得多。

定义 6.22　在有向图 G 中，从结点 u 到结点 v 之间有一条路，称从 u 可达 v。

可达性是有向图结点集上的二元关系，它具有自反性和可传递性，但一般来说不具有对称性，因为如果从 u 到 v 有一条路，不一定必有从 v 到 u 的一条路，因此可达性不是等价关系。

定义 6.23 在简单有向图 G 中，若任何两个结点间是相互可达的，则称 G 是强连通图；若任何两个结点之间至少从一个结点到另一个结点是可达的，则称 G 是单向连通图；若在图 G 中略去边的方向，将它看成无向图后，图是连通的，则称 G 是弱连通图。

例如，在图 6.26 中，图(a)是强连通图、单向连通图和弱连通图；图(b)是单向连通图和弱连通图，但不是强连通图；图(c)是弱连通图，但不是单向连通图，也不是强连通图。

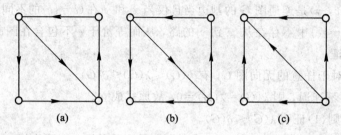

图 6.26　有向图的连通性

由定义可知，强连通图一定是单向连通的，单向连通图一定是弱连通的，但反之不然。

定理 6.10 一个有向图是强连通的，当且仅当 G 中有一个回路，它至少包含每个结点一次。

证明 充分性：如果 G 中有一个回路，它至少包含每个结点一次，则 G 中任意两个结点都是相互可达的，故 G 是强连通图。

必要性：如果 G 是强连通图，则任何两个结点都是相互可达的，故必可作一回路经过图中所有各点。若不然，则必有一回路不包含某一结点 v，并且 v 与回路上的各结点就不是相互可达的，与强连通条件矛盾。

定义 6.24 在有向图 $G=\langle V,E\rangle$ 中，G' 是 G 的子图，若 G' 是强连通的(单向连通的、弱连通的)，没有包含 G' 的更大子图 G'' 是强连通的(单向连通的、弱连通的)，则称 G' 是 G 的强分图(单向分图、弱分图)。

例如，在图 6.27 中，强分图集合是 $\{\langle\{1,2,3\},\{e_1,e_2,e_3\}\rangle,\langle\{4\},\varnothing\rangle,\langle\{5\},\varnothing\rangle,\langle\{6\},\varnothing\rangle,\langle\{7,8\},\{e_7,e_8\}\rangle\}$，单向分图集合是 $\{\langle\{1,2,3,4,5\},\{e_1,e_2,e_3,e_4,e_5\}\rangle,\langle\{5,6\},\{e_6\}\rangle,\langle\{7,8\},\{e_7,e_8\}\rangle\}$，弱分图集合是 $\{\langle\{1,2,3,4,5,6\},\{e_1,e_2,e_3,e_4,e_5,e_6\}\rangle,\langle\{7,8\},\{e_7,e_8\}\rangle\}$。

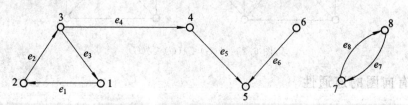

图 6.27　强分图、单向分图和弱分图

定理 6.11 简单有向图 $G=\langle V, E\rangle$ 中的每个结点位于且只位于一个强分图中。

证明 设 $v\in V$，S 是 G 中所有与 v 相互可达的结点集合，由 S 导出的子图是 G 的一个强分图，且包含结点 v。

如果结点 v 位于两个不同的强分图 S_1 和 S_2 中，则 S_1 中每个结点与 v 相互可达，v 与 S_2 中每个结点也相互可达，于是 S_1 中任一结点与 S_2 中任一结点相互可达，这与 S_1 和 S_2 是强分图矛盾。所以，G 中的每个结点只位于一个强分图中。

6.3 图的矩阵表示

前面讨论了图的图形表示方法以及相关的性质，在结点与边数不太多的情况下，这种表示方法有一定的优越性，它比较直观明了，但当图的结点和边数较多时，就无法使用图形表示法了。由于矩阵在计算机中易于存储和处理，所以可以利用矩阵将图表示在计算机中，而且还可以利用矩阵中的一些运算来刻画图的一些性质，研究图论中的一些问题。

6.3.1 邻接矩阵

定义 6.25 设 $G=\langle V, E\rangle$ 是一个简单图，$V=\{v_1, v_2, \cdots, v_n\}$，$V$ 中的结点按下标由小到大编序，则 n 阶方阵 $\boldsymbol{A}(G)=(a_{ij})$ 称为 G 的邻接矩阵。其中

$$a_{ij}=\begin{cases} 1, & (v_i, v_j)\in E \text{ 或 } \langle v_i, v_j\rangle\in E \\ 0, & \text{其他} \end{cases} \qquad (i, j=1, 2, \cdots, n)$$

例 6.14 如图 6.28 所示的图中，其邻接矩阵 $\boldsymbol{A}$ 为

$$\boldsymbol{A}=\begin{bmatrix} 0 & 1 & 1 & 0 & 0 \\ 1 & 0 & 1 & 1 & 0 \\ 1 & 1 & 0 & 1 & 1 \\ 0 & 1 & 1 & 0 & 0 \\ 0 & 0 & 1 & 0 & 0 \end{bmatrix}$$

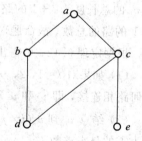

图 6.28 例 6.14 图

邻接矩阵中的元素非 0 即 1，称这种 0 - 1 矩阵为布尔矩阵。

通过例题我们容易发现，简单无向图的邻接矩阵是对称矩阵。但是，当给定的图是有向图时，邻接矩阵不一定是对称的。

例 6.15 如图 6.29 所示的图中，其邻接矩阵 $\boldsymbol{A}$ 为

$$\boldsymbol{A}=\begin{bmatrix} 0 & 1 & 0 & 0 & 0 \\ 0 & 0 & 1 & 1 & 0 \\ 1 & 1 & 0 & 1 & 1 \\ 0 & 0 & 0 & 0 & 0 \\ 0 & 1 & 1 & 0 & 0 \end{bmatrix}$$

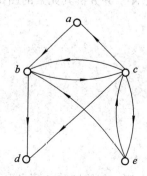

图 6.29 例 6.15 图

无论是有向图还是无向图，其邻接矩阵都与图中结点的编序有关。但是，对于给定的图 G，显然不会因结点编序的不同而使其结构发生任何变化，即图的结点所有不同的编序

实际上仍表示同一个图。换句话说，这些结点的不同编序的图都是同构的。今后将略去这种由于 V 中结点编序而引起邻接矩阵的任意性，而取任意一个邻接矩阵表示该图。

通过图的邻接矩阵可得到相应图的一些重要性质：

零图的邻接矩阵的元素全为零，称其为零矩阵。反过来，如果一个图的邻接矩阵是零矩阵，则此图一定是零图。

若邻接矩阵的元素除主对角线上元素外全为 1，则其对应的图是连通的且为简单完全图。

对有向图来说，邻接矩阵 $A(G)$ 的第 i 行 1 的个数是结点 v_i 的出度，第 j 列 1 的个数是结点 v_j 的入度，即 $d^+(v_i) = \sum_{k=1}^{n} a_{ik}$ 且 $d^-(v_j) = \sum_{k=1}^{n} a_{kj}$。

定理 6.12　设 G 是具有 n 个结点 $\{v_1, v_2, \cdots, v_n\}$ 的图，其邻接矩阵为 A，则 $A^k(k=1, 2, \cdots)$ 中的 (i,j) 项元素 $a_{ij}^{(k)}$ 等于从结点 v_i 到结点 v_j 的长度为 k 的路的总数。

证明　对 k 用数学归纳法。

当 $k=1$ 时，$A^1 = A$，由 A 的定义知，定理显然成立。

假设当 $k=l$ 时定理成立，则当 $k=l+1$ 时，$A^{l+1} = A^l \cdot A$，故 $a_{ij}^{(l+1)} = \sum_{r=1}^{n} a_{ir}^{(l)} a_{rj}$。

根据邻接矩阵定义 a_{rj} 是连接 v_r 和 v_j 的长度为 1 的路的数目，$a_{ir}^{(l)}$ 是连接 v_i 和 v_r 的长度为 l 的路的数目，故 $\sum_{r=1}^{n} a_{ir}^{(l)} a_{rj}$ 中的每一项表示由 v_i 经过 l 条边到 v_r，再由 v_r 经过 1 条边到 v_j 的总长度为 $l+1$ 的路的数目。对所有 r 求和，即得 $a_{ij}^{(l+1)}$ 是所有从 v_i 到 v_j 的长度为 $l+1$ 的路的总数，故命题对 $l+1$ 成立。

根据定理 6.12，可得出以下结论：

(1) 如果对 $l=1, 2, \cdots, n-1$，A^l 的 (i,j) 项元素 $(i \neq j)$ 都为零，那么 v_i 和 v_j 之间无任何路相连接，即 v_i 和 v_j 不连通。因此，v_i 和 v_j 属于 G 的不同的连通分支。

(2) 结点 v_i 到 v_j($i \neq j$) 间的距离 $d(v_i, v_j)$ 是使 $A^l(l=1, 2, \cdots, n-1)$ 的 (i,j) 项元素不为零的最小整数 l。

(3) A^l 的 (i,i) 项元素 $a_{ii}^{(l)}$ 表示开始并结束于 v_i 长度为 l 的回路的数目。

例 6.16　如图 6.30 所示，$G = \langle V, E \rangle$ 为简单无向图，写出 G 的邻接矩阵 A，算出 A^2、A^3、A^4，并分析其元素的图论意义。

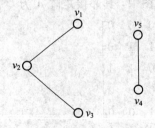

图 6.30　例 6.16 图

解　邻接矩阵 A 及 A^2、A^3、A^4 分别为

$$A = \begin{bmatrix} 0 & 1 & 0 & 0 & 0 \\ 1 & 0 & 1 & 0 & 0 \\ 0 & 1 & 0 & 0 & 0 \\ 0 & 0 & 0 & 0 & 1 \\ 0 & 0 & 0 & 1 & 0 \end{bmatrix}, \quad A^2 = \begin{bmatrix} 1 & 0 & 1 & 0 & 0 \\ 0 & 2 & 0 & 0 & 0 \\ 1 & 0 & 1 & 0 & 0 \\ 0 & 0 & 0 & 1 & 0 \\ 0 & 0 & 0 & 0 & 1 \end{bmatrix}$$

$$A^3 = \begin{bmatrix} 0 & 2 & 0 & 0 & 0 \\ 2 & 0 & 2 & 0 & 0 \\ 0 & 2 & 0 & 0 & 0 \\ 0 & 0 & 0 & 0 & 1 \\ 0 & 0 & 0 & 1 & 0 \end{bmatrix}, \quad A^4 = \begin{bmatrix} 2 & 0 & 2 & 0 & 0 \\ 0 & 4 & 0 & 0 & 0 \\ 2 & 0 & 2 & 0 & 0 \\ 0 & 0 & 0 & 1 & 0 \\ 0 & 0 & 0 & 0 & 1 \end{bmatrix}$$

(1) 由 A 中 $a_{12}^{(1)}=a_{23}^{(1)}=a_{45}^{(1)}=1$ 可知，v_1 和 v_2、v_2 和 v_3 以及 v_4 和 v_5 都是邻接的。

(2) 由 A^2 的主对角线上的元素可知，每个结点都有长度为 2 的回路，其中结点 v_2 有 2 条：$v_2v_1v_2$ 和 $v_2v_3v_2$，其余结点只有 1 条。

(3) 由 A^3 中 $a_{32}^{(3)}=2$ 可知，从 v_3 到 v_2 长度为 3 的路有 2 条：$v_3v_2v_1v_2$ 和 $v_3v_2v_3v_2$。

(4) 由于 A^3 的主对角线上的元素全为零，所以 G 中没有长度为 3 的回路。

(5) 由 $a_{34}^{(1)}=a_{34}^{(2)}=a_{34}^{(3)}=a_{34}^{(4)}=0$ 可知，结点 v_3 和 v_4 之间没有路，它们属于不同的连通分支。

(6) $d(v_1, v_3)=2$。

请读者自己找出其他元素的意义。

6.3.2 可达性矩阵

在许多实际问题中，常常要判断有向图的一个结点 v_i 到另一个结点 v_j 是否存在路的问题。对于有向图中的任何两个结点之间的可达性，也可用矩阵表示。

定义 6.26 设 $G=\langle V, E \rangle$ 是一个简单有向图，$V=\{v_1, v_2, \cdots, v_n\}$，$n$ 阶方阵 $P=(p_{ij})$ 称为 G 的可达性矩阵，其中

$$p_{ij} = \begin{cases} 1, & v_i \text{ 到 } v_j \text{ 至少有一条路} \\ 0, & \text{其他} \end{cases} \quad (i, j = 1, 2, \cdots, n)$$

可达性矩阵表明，图 G 中的任何两个结点之间是否存在路及任何结点是否存在回路。由于任何两个结点之间如果有一条路，则必有一条长度不超过 n 的基本回路，所以由 G 的邻接矩阵 A 可得到可达性矩阵 P。方法是：令 $B_n=A+A^2+\cdots+A^n$，再把 B_n 中的非零元素改为 1，而零元不变，得到的矩阵即为可达性矩阵。

例 6.17 设有向图 G 的邻接矩阵为 $A = \begin{bmatrix} 0 & 1 & 0 & 0 \\ 0 & 0 & 1 & 1 \\ 1 & 1 & 0 & 1 \\ 1 & 0 & 0 & 0 \end{bmatrix}$，求 G 的可达性矩阵 P。

解 根据矩阵的乘法运算得

$$A^2 = \begin{bmatrix} 0 & 0 & 1 & 1 \\ 2 & 1 & 0 & 1 \\ 1 & 1 & 1 & 1 \\ 0 & 1 & 0 & 0 \end{bmatrix}, A^3 = \begin{bmatrix} 2 & 1 & 0 & 1 \\ 1 & 2 & 1 & 1 \\ 2 & 2 & 1 & 2 \\ 0 & 0 & 1 & 1 \end{bmatrix}, A^4 = \begin{bmatrix} 1 & 2 & 1 & 1 \\ 2 & 2 & 2 & 3 \\ 3 & 3 & 2 & 3 \\ 2 & 1 & 0 & 1 \end{bmatrix}$$

根据矩阵的加法运算得

$$B_4 = A + A^2 + A^3 + A^4 = \begin{bmatrix} 3 & 4 & 2 & 3 \\ 5 & 5 & 4 & 6 \\ 7 & 7 & 4 & 7 \\ 3 & 2 & 1 & 2 \end{bmatrix}$$

因此

$$P = \begin{bmatrix} 1 & 1 & 1 & 1 \\ 1 & 1 & 1 & 1 \\ 1 & 1 & 1 & 1 \\ 1 & 1 & 1 & 1 \end{bmatrix}$$

由此可知，图 G 中任何两个结点都是相互可达的，因而图 G 是强连通图。

上述计算可达性矩阵的步骤还是比较复杂的，因为可达性矩阵是一个布尔矩阵，我们在求可达性矩阵时，只关心两个结点间是否存在路，而不管路的长度及路的数目，所以可将矩阵 A、A^2、$\cdots$、A^n 分别改为布尔矩阵 $A^{(1)}$、$A^{(2)}$、$\cdots$、$A^{(n)}$，则可达性矩阵可表示为 $P = A^{(1)} \vee A^{(2)} \vee \cdots \vee A^{(n)}$，其中 $A^{(i)}$ 表示在布尔运算下 A 的 i 次方。

下面仍以例 6.17 来说明这种求可达性矩阵的方法。

根据布尔矩阵的布尔积、布尔和运算得

$$A^{(2)} = \begin{bmatrix} 0 & 0 & 1 & 1 \\ 1 & 1 & 0 & 1 \\ 1 & 1 & 1 & 1 \\ 0 & 1 & 0 & 0 \end{bmatrix}, A^{(3)} = \begin{bmatrix} 1 & 1 & 0 & 1 \\ 1 & 1 & 1 & 1 \\ 1 & 1 & 1 & 1 \\ 0 & 0 & 1 & 1 \end{bmatrix}, A^{(4)} = \begin{bmatrix} 1 & 1 & 1 & 1 \\ 1 & 1 & 1 & 1 \\ 1 & 1 & 1 & 1 \\ 1 & 1 & 0 & 1 \end{bmatrix}$$

因此

$$P = A^{(1)} \vee A^{(2)} \vee A^{(3)} \vee A^{(4)} = \begin{bmatrix} 1 & 1 & 1 & 1 \\ 1 & 1 & 1 & 1 \\ 1 & 1 & 1 & 1 \\ 1 & 1 & 1 & 1 \end{bmatrix}$$

上述可达性矩阵的概念，也可以推广到无向图中，只要将无向图中的每条无向边看成是具有相反方向的两条边，这样一个无向图就可看成一个有向图。无向图也可以用矩阵描述一个结点到另一个结点是否有路。在无向图中，如果两个结点之间有路，则称这两个结点是连通的，所以把描述一个结点到另一个结点是否有路的矩阵称为连通矩阵。无向图的连通矩阵是对称矩阵。

6.3.3　关联矩阵

定义 6.27　设 $G = \langle V, E \rangle$ 是一个无向图，$V = \{v_1, v_2, \cdots, v_n\}$，$E = \{e_1, e_2, \cdots, e_m\}$，

则矩阵 $M(G)=(m_{ij})_{n \times m}$ 称为 G 的关联矩阵,其中 m_{ij} 为结点 v_i 与边 e_j 的关联次数。

m_{ij} 的可能取值有 3 种:$0(v_i$ 与 e_j 不关联),$1(v_i$ 与 e_j 关联次数为 1),$2(v_i$ 与 e_j 关联次数为 2,即 e_j 是以 v_i 为端点的环)。

例 6.18 求图 6.31 所示无向图的关联矩阵。

解 设图 6.31 所示无向图为 G,则它的关联矩阵为

$$M(G) = \begin{bmatrix} 2 & 1 & 1 & 0 & 0 & 0 \\ 0 & 1 & 0 & 1 & 1 & 1 \\ 0 & 0 & 0 & 0 & 1 & 1 \\ 0 & 0 & 0 & 0 & 0 & 0 \\ 0 & 0 & 1 & 1 & 0 & 0 \end{bmatrix}$$

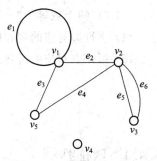

图 6.31 例 6.18 图

通过对 $M(G)$ 的分析,可以看出关联矩阵 $(m_{ij})_{n \times m}$ 具有以下性质:

(1) 每列元素之和均为 2。这说明每条边关联两个结点(环关联的两个结点重合)。

(2) 每行元素之和是对应结点的度数。

(3) 所有元素之和是图中各结点度数的和,也是边数的 2 倍,这正是握手定理的内容。

(4) 平行边对应的列相同。

(5) 孤立点对应的行各元素均为 0。

(6) 同一个图当结点或边的编序不同时,其对应的 $M(G)$ 仅有行序和列序的差别。

定义 6.28 设 $G=\langle V, E \rangle$ 是一个无环有向图,$V=\{v_1, v_2, \cdots, v_n\}$,$E=\{e_1, e_2, \cdots, e_m\}$,则矩阵 $M(G)=(m_{ij})_{n \times m}$ 称为 G 的关联矩阵,其中

$$m_{ij} = \begin{cases} 1, & v_i \text{ 为 } e_j \text{ 的始点} \\ 0, & v_i \text{ 与 } e_j \text{ 不关联} \\ -1, & v_i \text{ 为 } e_j \text{ 的终点} \end{cases}$$

例 6.19 求图 6.32 所示有向图的关联矩阵。

解 设图 6.32 所示有向图为 G,则它的关联矩阵为

$$M(G) = \begin{bmatrix} 1 & 0 & 0 & 0 & 0 & 0 \\ -1 & 1 & -1 & 1 & 0 & 0 \\ 0 & -1 & 1 & 0 & 1 & 1 \\ 0 & 0 & 0 & -1 & -1 & -1 \\ 0 & 0 & 0 & 0 & 0 & 0 \end{bmatrix}$$

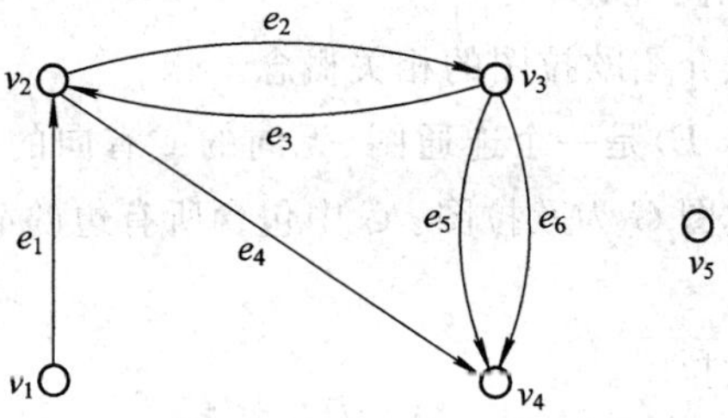

图 6.32 例 6.19 图

有向图的关联矩阵具有以下性质：

（1）每条有向边有一个始点和一个终点，所以每列恰有一个"1"和一个"−1"。

（2）每行元素中"1"的个数是对应结点的出度，"−1"的个数是对应结点的入度。

（3）"1"的个数等于"−1"的个数，都和边数相同，这正是有向图握手定理的内容。

（4）平行边对应的列相同。

（5）孤立点对应的行各元素均为 0。

6.4　特　殊　图

6.4.1　欧拉图

18 世纪，普鲁士的哥尼斯堡城（现在俄罗斯境内的加里宁格勒）有一条贯穿全城的河流——普雷格尔河，河中有两个岛屿，有七座桥将两岸与岛屿及岛屿之间连接起来，如图 6.33(a)所示。当时，当地的人们热衷于一个难题：一个散步者怎么样才能够不重复地走完七座桥，最后回到原点。试验者很多，但没有一个人能够成功。

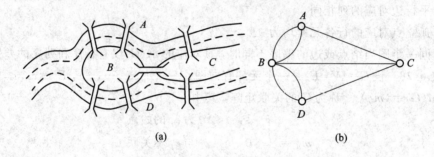

(a)　　　　　　　　　　(b)

图 6.33　哥尼斯堡七桥问题

为了寻找答案，瑞士数学家列昂哈德·欧拉对此问题进行了研究，他将 4 块陆地抽象成 4 个结点 A、B、C、D。如果两块陆地之间有桥，就在代表它们的结点之间连边，于是得到图 6.33(b)。哥尼斯堡七桥问题是否有解，就相当于图 6.33(b)是否存在经过图中每条边一次且仅一次的简单回路。欧拉在 1736 年发表的论文中指出，这样的回路是不存在的，从而得出哥尼斯堡七桥问题无解的正确结论。这篇论文现在被公认为是第一篇关于图论的论文，这也正是欧拉回路和欧拉图这个名字的来源。那么，什么样的连通图才存在经过每条边一次且仅一次的简单回路呢？

为了解决上述问题，先介绍欧拉图的相关概念。

定义 6.29　设 $G = \langle V, E \rangle$ 是一个连通图（无向的或有向的），则称图 G 中包含所有边的简单回路为欧拉回路，称图 G 为欧拉图。G 中包含所有边的简单路为欧拉路，图 G 为半欧拉图。

我们规定，平凡图为欧拉图。

例如，在图 6.34 中，图(a)有欧拉回路，如 $a\,b\,c\,d\,b\,e\,c\,a$；图(b)没有欧拉回路，也没有欧拉路；图(c)没有欧拉回路，但有欧拉路，如 $b\,a\,c\,d\,b\,e\,c$。

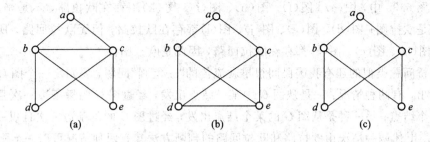

图 6.34 欧拉回路和欧拉路

对结点数和边数都比较少的图，通过观察就能判断它们是否存在欧拉回路或欧拉路，但对较为复杂的图单靠观察判断就比较困难了。其实，一个图是否存在欧拉回路或欧拉路已经有了很方便的判断方法。

定理 6.13 （1）无向图 G 是欧拉图当且仅当 G 是连通的且没有奇度结点；

（2）无向图 G 是半欧拉图当且仅当 G 是连通的且恰有两个奇度结点；

（3）有向图 G 是欧拉图当且仅当 G 是强连通的且每个结点的入度等于出度；

（4）有向图 G 是半欧拉图当且仅当 G 是单向连通的且恰有两个奇度结点，其中一个结点的入度比出度大 1，另一个结点的出度比入度大 1，而其余结点的入度等于出度。

这个定理的证明较长，这里就不再给出证明过程了。

根据定理 6.13，很容易判断出图 6.33(a)所示的哥尼斯堡七桥问题是无解的，因为它所对应的图 6.33(b)中所有 4 个结点的度数均为奇数。

例 6.20 在图 6.35 中，哪些是欧拉图？哪些是半欧拉图？

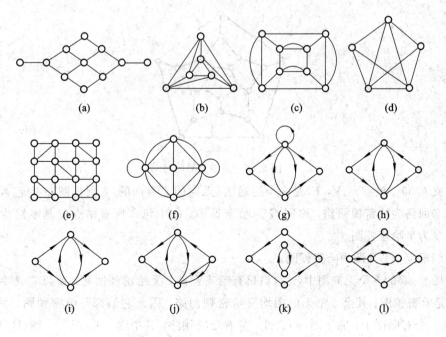

图 6.35 例 6.20 图

解 图 6.35 中，图(a)、图(f)、图(h)、图(i)、图(k)不存在欧拉路，不是半欧拉图，当然也不是欧拉图；图(d)、图(e)、图(j)、图(l)都存在欧拉路，但无欧拉回路，所以是半欧拉图；图(b)、图(c)、图(g)都存在欧拉回路，因此是欧拉图。

与七桥问题类似的还有我国民间很早就流传的"一笔画"问题，要判定一个图 G 是否可以一笔画出，有两种情况：一是从图 G 中某一结点出发，经过图 G 的每条边一次且仅一次到达另一个结点；另一种是从图 G 的某个结点出发，经过图 G 的每条边一次且仅一次又回到该结点。上述两种情况由欧拉路和欧拉回路的判断方法知有两种情况可以一笔画出：

(1) 如果图中所有结点都是偶度结点，则可以任选一点作为始点一笔画完；

(2) 如果图中只有两个奇度结点，则可以选择其中一个奇度结点作为始点也可一笔画完。

另外，用欧拉路和欧拉回路还可以解决很多其他实际问题。许多实际应用都要求存在一条欧拉路或欧拉回路。例如，一个邮递员想走一条每条街道只经过一次的投递线路，就是在他所负责投递的街道的图中求一条欧拉路，这个问题称为中国邮递员问题。

6.4.2　哈密顿图

与欧拉回路类似的是哈密顿回路问题。1859 年，英国数学家威廉·哈密顿提出一个问题，他用一个正十二面体的 20 个顶点代表 20 个大城市，要求沿着棱，从一个城市出发，经过每个城市仅一次，最后又回到出发点。这就是当时风靡一时的周游世界问题，哈密顿给出了肯定的回答。解决这个问题就是在如图 6.36 所示的图中寻找一条经过图中每个结点恰好一次的回路，图中粗线给出了这样的回路。

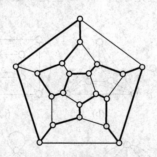

图 6.36　周游世界问题

定义 6.30　设 $G=\langle V, E \rangle$ 是一个连通图（无向的或有向的），则称图 G 中包含所有结点的基本回路为哈密顿回路，称图 G 为哈密顿图。G 中包含所有结点的基本路为哈密顿路，图 G 为半哈密顿图。

我们规定，平凡图为哈密顿图。

在图 6.35 的 6 个无向图中，图(a)只有哈密顿路，无哈密顿回路，所以它是半哈密顿图，不是哈密顿图；其余 5 个无向图均有哈密顿回路，因此它们都是哈密顿图。另外，图 6.35 的 6 个有向图中，除了图(k)之外，都有哈密顿路，其中图(h)、图(i)、图(l)只有哈密顿路，无哈密顿回路，所以它们是半哈密顿图，不是哈密顿图；而图(g)和图(j)有哈密顿回路，因此它们是哈密顿图。

　　尽管哈密顿回路与欧拉回路问题在形式上极为相似，但是到目前为止还不知道一个图为哈密顿图的充要条件，寻找该充要条件仍是图论中尚未解决的难题之一。目前人们只找到了一些判断存在性的充分条件和一些必要条件。下面以无向图为主，介绍一些哈密顿图的必要条件和充分条件。

　　定理 6.14　设无向图 $G=\langle V,E\rangle$ 是哈密顿图，则对于结点集 V 的任意非空子集 S 均有 $W(G-S)\leqslant|S|$。其中，$G-S$ 表示在 G 中删去 S 中的结点后所构成的图，$W(G-S)$ 表示 $G-S$ 的连通分支数。

　　证明　设 C 是 G 的一条哈密顿回路，C 视为 G 的子图，在回路 C 中，每删去 S 中的一个结点，最多增加一个连通分支，且删去 S 中的第一个结点时分支数不变，所以有 $W(C-S)\leqslant|S|$。

　　又因为 C 是 G 的生成子图，所以 $C-S$ 是 $G-S$ 的生成子图，且 $W(G-S)\leqslant W(C-S)$，因此 $W(G-S)\leqslant|S|$。

　　以上定理需要注意两点：

　　(1) 定理 6.14 给出的是哈密顿图的必要条件，而不是充分条件。有些图满足这个条件，但不是哈密顿图。例如，在图 6.37 所示的彼得森图中，对结点集 V 的每一个非空子集 S 均有 $W(G-S)\leqslant|S|$，但它不是哈密顿图。

　　(2) 定理 6.14 本身在应用中用处并不是很大，但它的逆否命题却非常有用。我们经常用定理 6.14 的逆否命题来判断某些图不是哈密顿图，即若存在 V 的某个非空子集 S 使得 $W(G-S)>|S|$，则 G 不是哈密顿图。

　　例如，在图 6.38 中，若取 $S=\{v_1,v_4\}$，则 $|S|=2$，而 $W(G-S)=3$，故该图不是哈密顿图。

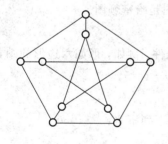

图 6.37　彼得森图

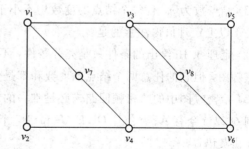

图 6.38　非哈密顿图

　　推论 1　有割点的图一定不是哈密顿图。

　　证明　设 v 为图 G 的割点，则 $W(G-v)\geqslant2$。由定理 6.14 可知，G 不是哈密顿图。

　　推论 2　设无向图 $G=\langle V,E\rangle$ 是半哈密顿图，则对于结点集 V 的任意非空子集 S 均有 $W(G-S)\leqslant|S|+1$。

　　证明　设 P 是 G 中起于 u 而终于 v 的哈密顿路，令 G' 为在 u、v 之间加新边 e 所得到的图，易知 G' 为哈密顿图。由定理 6.14 可知，$W(G'-S)\leqslant|S|$。而 $W(G-S)=W(G'-S-e)\leqslant W(G'-S)+1\leqslant|S|+1$。

例 6.21   在图 6.39 中，哪些是哈密顿图？哪些是半哈密顿图？为什么？

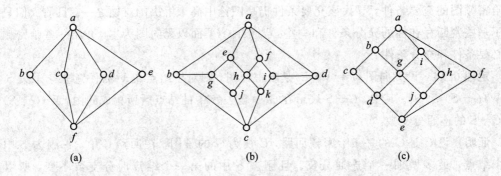

图 6.39   例 6.21 图

解   在图 6.39(a)中，取 $S=\{a, f\}$，则 $|S|=2$，而 $W(G-S)=4$，故该图不是哈密顿图，也不是半哈密顿图。

在图 6.39(b)中，取 $S=\{a, g, h, i, c\}$，则 $|S|=5$，而 $W(G-S)=6$，故该图不是哈密顿图。但它存在哈密顿路，如 $b\,a\,e\,g\,j\,c\,k\,h\,f\,i\,d$，所以是半哈密顿图。

在图 6.39(c)中，$a\,b\,c\,d\,g\,i\,h\,j\,e\,f\,a$ 是一条哈密顿回路，因此该图是哈密顿图。

下面给出哈密顿图和半哈密顿图的一个充分条件，定理的证明略去。

定理 6.15   设 G 是 $n(n\geqslant3)$ 阶无向简单图，如果 G 中每一对结点的度数之和都不小于 $n-1$，那么 G 中存在哈密顿路，即 G 为半哈密顿图；如果 G 中每一对结点的度数之和都不小于 n，那么 G 中存在哈密顿回路，即 G 为哈密顿图。

通过以上定理不难看出：

(1) 结点数不少于 3 的完全图都是哈密顿图。

(2) 结点数为 n，且每个结点的度数均不小于 $n/2$ 的图是哈密顿图。

关于以上定理值得注意的是：

(1) 定理 6.15 给出的条件只是充分条件，不是必要条件。例如，形如六边形的图显然是哈密顿图，但它的任意两个结点的度数和都是 4，小于 $n-1=5$。

(2) 哈密顿图中的哈密顿回路未必是唯一的。

例 6.22   今有 A、B、C、D、E、F 和 G 7 个人，已知下列事实：

A 讲英语；

B 讲英语和汉语；

C 讲英语、意大利语和俄语；

D 讲日语和汉语；

E 讲德语和意大利语；

F 讲法语、日语和俄语；

G 讲法语和德语。

试问这 7 个人应如何排座位，才能使每个人都能和他身边的人交谈？

解   设无向图 $G=\langle V, E\rangle$，其中 $V=\{A, B, C, D, E, F, G\}$，$E=\{(u, v)\,|\,u, v\in V$，且 u 和 v 有共同语言$\}$。根据已知条件，图 G 如图 6.40 所示。将这 7 个人排座围桌而

坐，使得每个人能与两边的人交谈，问题相当于在图 6.40 中找哈密顿回路。经观察，$ABDFGECA$ 为 G 中的一条哈密顿回路，即按照这个顺序安排座位即可。

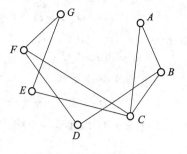

图 6.40 例 6.22 图

证明一个图是哈密顿图或半哈密顿图最直接的方法是给出一条哈密顿回路或哈密顿路，当然也可以使用充分条件，如定理 6.15。证明一个图不是哈密顿图或半哈密顿图，通常都需要证明它不满足某个必要条件，如定理 6.14 及推论。

哈密顿图的判定是图论中较为困难而有趣的问题，这里介绍的只是初步，感兴趣的读者可以通过阅读相关材料进一步学习。

本 章 小 结

本章主要围绕与计算机科学有关的图论知识介绍了一些基本的图论概论、定理和研究内容，同时也介绍了一些与实际应用有关的基本图类和算法，并应用图论的方法解决实际问题。其中主要包括图、子图、结点的度数、出度、入度、有向图、无向图、简单图、完全图、补图、生成子图、路、回路、连通图等，以及欧拉图、哈密顿图的定义和判定。

近几十年，图论已应用到运筹学、控制论、信息论、计算机科学、工程和管理等许多领域。特别是在计算机科学领域，如开关理论、逻辑设计、数据结构、形式语言、操作系统及计算机网络等，图论都起着重要的作用。

习 题 6

1. 下面各图有几个结点？

(1) 16 条边，每个结点度数均为 2；

(2) 21 条边，3 个 4 度结点，其余都是 3 度结点。

2. 是否可画一个无向简单图，使各结点的度数与下面所给的序列一致。如可能，画出一个符合条件的图；如不可能，说明理由。

(1) (2, 2, 2, 2, 2, 2)；

(2) (1, 2, 3, 4, 5, 5)；

(3) (1, 2, 3, 4, 5, 6)；

(4) (2, 2, 3, 4, 5, 6)。

3. 任何无向图 G 中结点间的连通关系是（　　）。

　　A. 良序关系　　　　　　　　B. 偏序关系

　　C. 全序关系　　　　　　　　D. 等价关系

4. 设 $G=\langle V, E\rangle$ 为无向图，$|V|=7$，$|E|=23$，则 G 一定是（　　）。

　　A. 完全图　　　　　　　　　B. 连通图

　　C. 简单图　　　　　　　　　D. 多重图

5. 设 A 为图 G 的邻接矩阵，A^3 的主对角线上的元素之和为 600，则 G 上有多少个三角形?

6. 有向图 $G = \langle V, E \rangle$ 如图 6.41 所示，求解下列问题:

（1）写出邻接矩阵 A；

（2）G 中由 v_1 到 v_4 长度为 2 和 4 的路各有几条?

（3）求出 G 的可达性矩阵。

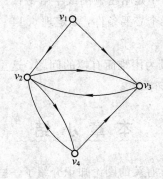

图 6.41　第 6 题图

7. 对于图 6.42 所示的六个图，哪些是欧拉图?

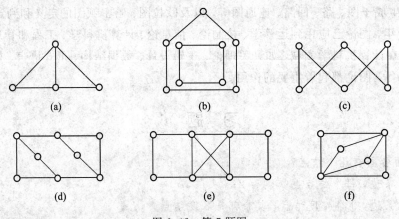

图 6.42　第 7 题图

8. 对于图 6.43 所示的三个图，哪个是哈密顿图?

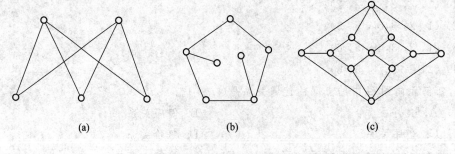

图 6.43　第 8 题图

第 7 章 树

☞ **本章学习目标**

- 熟悉树相关的概念及有关性质
- 理解有关树的几个等价命题
- 掌握最小生成树及克鲁斯克尔算法
- 掌握最优二叉树及哈夫曼算法

7.1 无向树及其性质

谈到树，自然会想起自然界中的树，有树根、树干、树枝、树叶。在图论中讨论树时，有些概念术语就来源于自然界中的树。

定义 7.1 一个连通无圈的无向图称为无向树（简称树），记为 T。树中的边称为树枝，悬挂结点称为树叶（或叶结点），度数大于或等于 2 的结点称为分支点（或内点）。平凡图称为平凡树。一个无圈图称为森林。

显然，若图 G 是森林，则 G 的每个连通分支是树。

例 7.1 图 7.1 中，哪些是树？为什么？

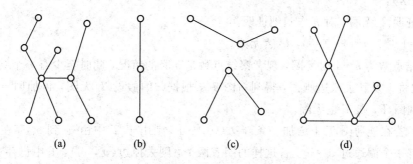

(a)　　　　(b)　　　　(c)　　　　(d)

图 7.1 例 7.1 图

解 判断无向图是否是树，根据定义 7.1，首先看它是否连通，然后看它是否有圈。

图 7.1 中，图(a)和图(b)都是连通的，并且没有圈，因此它们都是树；图(c)不连通，因此不是树，但由于它不含圈，因此是森林；图(d)虽然连通，但有圈，因此它不是树。

树有许多性质，并且还可以作为树的等价定义，下面用定理给出。

定理 7.1　设 T 是一个无向 (n, m) 图，则以下关于 T 的命题是等价的：

(1) T 是树；

(2) T 无圈且 $m = n - 1$；

(3) T 连通且 $m = n - 1$；

(4) T 无圈，但增加任一新边，得到且仅得到一个圈；

(5) T 连通，但删去任一边便不连通（$n \geqslant 2$）；

(6) T 的每一对结点间有唯一的一条基本路（$n \geqslant 2$）。

直接证明这 6 个命题两两等价工作量太大，一般采用循环论证的方法，即证明 $(1) \Rightarrow$ $(2) \Rightarrow (3) \Rightarrow (4) \Rightarrow (5) \Rightarrow (6) \Rightarrow (1)$，然后利用传递性，得到结论。

证明　$(1) \Rightarrow (2)$：

由树的定义可知 T 无圈。下面证明 $m = n - 1$。对 n 进行归纳证明。

当 $n = 1$ 时，$m = 0$，显然 $m = n - 1$。

假设 $n = k$ 时结论成立，现证明 $n = k + 1$ 时结论也成立。

由于树是连通而无圈的，所以至少有一个度数为 1 的结点 v，在 T 中删去 v 及其关联边，便得到 k 个结点的连通无圈图。由归纳假设它有 $k - 1$ 条边。再将结点 v 及其关联边加回得到原图 T，所以 T 中含有 $k + 1$ 个结点和 k 条边，故结论 $m = n - 1$ 成立。

所以树是无圈且 $m = n - 1$ 的图。

$(2) \Rightarrow (3)$：

用反证法。若 T 不连通，设 T 有 k 个连通分支（$k \geqslant 2$）$T_1, T_2, \cdots, T_k$，其结点数分别是 $n_1, n_2, \cdots, n_k$，边数分别为 $m_1, m_2, \cdots, m_k$，于是 $\sum\limits_{i=1}^{k} n_i = n$，$\sum\limits_{i=1}^{k} m_i = m$，则有 $m = \sum\limits_{i=1}^{k} m_i = \sum\limits_{i=1}^{k} (n_i - 1) = n - k < n - 1$，得出矛盾。

所以 T 是连通且 $m = n - 1$ 的图。

$(3) \Rightarrow (4)$：

首先证明 T 无圈。对 n 作归纳证明。

当 $n = 1$ 时，$m = n - 1 = 0$，显然无圈。

假设结点数为 $n - 1$ 时无圈，现考察结点数是 n 时的情况。此时至少有一个结点 v 的度数为 1。现将 v 及其关联边删去，得到新图 T'，根据归纳假设 T' 无圈，再加回 v 及其关联边，又得到图 T，则 T 也无圈。

其次，若在连通图 T 中增加一条新边 (v_i, v_j)，则由于 T 中由 v_i 到 v_j 存在一条基本路，故必有一个圈通过 v_i、v_j。若这样的圈有两个，则去掉边 (v_i, v_j)，T 中仍存在通过 v_i、v_j 的圈，与 T 无圈矛盾。故加上边 (v_i, v_j) 得到一个且仅一个圈。

$(4) \Rightarrow (5)$：

若 T 不连通，则存在两个结点 v_i 和 v_j，在 v_i 和 v_j 之间没有路，若加边 (v_i, v_j) 不会产生圈，但这与假设矛盾，故 T 是连通的。又由于 T 无圈，所以删去任一边，图便不连通。

$(5) \Rightarrow (6)$：

由连通性知，任意两点间有一条路，于是有一条基本路。若此基本路不唯一，则 T 中含有圈，删去此回路上任一边，图仍连通，这与假设不符，所以基本路是唯一的。

(6)$\Rightarrow$(1)：

显然 T 连通。下面证明 T 无圈。用反证法。若 T 有圈，则圈上任意两点间有两条基本路，此与基本路的唯一性矛盾。故 T 是连通无圈图，即 T 是树。

由定理 7.1 所刻画的树的特征可见：在结点数给定的所有图中，树是边数最少的连通图，也是边数最多的无圈图。由此可知，在一个 (n, m) 图 G 中，若 $m < n-1$，则 G 是不连通的；若 $m > n-1$，则 G 必定有圈。

定理 7.2 设 T 是 n 阶非平凡的无向树，则 T 中至少有两片树叶。

证明 设 T 有 x 片树叶，由于 T 是有 $n(n \geqslant 2)$ 个结点的一棵树，对任一结点 $v_i \in T$，当 v_i 为叶结点时度数为 1，当 v_i 为分支点时度数大于或等于 2。根据握手定理和定理 7.1 可知，$2(n-1) = \sum_{i=1}^{n} d(v_i) \geqslant x + 2(n-x)$。

变换以上不等式可得 $x \geqslant 2$。

例 7.2 画出所有 6 阶非同构的无向树。

解 设 T 是 6 阶无向树，由定理 7.1 可知，T 的边数 $m = 5$。由握手定理可知，T 的 6 个结点的度数之和等于 10。又有 $\Delta(T) \leqslant 5$，$\delta(T) \geqslant 1$。于是，T 的结点度数序列有以下几种情况：

(1) $1, 1, 1, 1, 1, 5$；

(2) $1, 1, 1, 1, 2, 4$；

(3) $1, 1, 1, 1, 3, 3$；

(4) $1, 1, 1, 2, 2, 3$；

(5) $1, 1, 2, 2, 2, 2$。

它们对应的树如图 7.2 所示，其中 T_1 对应于(1)，T_2 对应于(2)，T_3 对应于(3)，T_4 和 T_5 对应于(4)，T_6 对应于(5)。(4)对应两棵非同构的树，在一棵树中两个 2 度结点相邻，在另一棵树中不相邻，其他情况均对应一棵非同构的树。

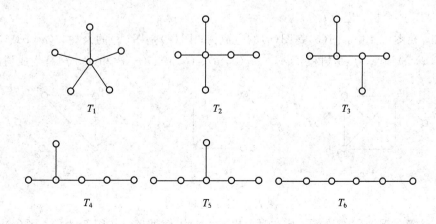

图 7.2 6 阶非同构的无向树

常称只有一个分支点，且分支点的度数为 $n-1$ 的 $n(n \geqslant 3)$ 阶无向树为星形图，称其唯一的分支点为星心。图 7.2 中的 T_1 是 6 阶星形图。

例 7.3 设 T 是一棵树，它有一个 3 度结点，三个 2 度结点，其余结点都是树叶，求 T 的树叶数。

解 设树 T 有 x 片树叶，则 T 的结点数 $n=1+3+x=4+x$，T 的边数为 $n-1=3+x$。根据握手定理，$2(3+x)=1 \times 3 + 3 \times 2 + x$，解得 $x=3$。

这棵树的结点度数序列为 $1,1,1,2,2,2,3$，和其中的 3 度结点相邻的结点度数有 3 种可能：

(1) $2,2,2$；

(2) $1,2,2$；

(3) $1,1,2$。

它们分别对应 3 棵非同构的树 T_1、T_2、T_3，如图 7.3 所示。

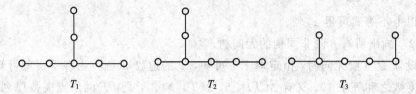

图 7.3 例 7.3 图

7.2 生 成 树

7.2.1 生成树的定义

定义 7.2 若无向（连通）图 G 的生成子图是一棵树，则称该树是 G 的生成树，记为 T_G。生成树 T_G 中的边称为树枝，不在 T_G 中的其他边称为 T_G 的弦。T_G 的所有弦的集合称为生成树 T_G 的余树，记为 $\overline{T_G}$。

例如，在图 7.4 中，图(b)是图(a)的生成树，图(c)是图(b)的余树，(a,b)、(a,d)、(c,d)、(d,e) 和 (e,f) 是树枝，(a,c)、(a,e)、(b,c)、(c,e) 和 (d,f) 是生成树的弦。

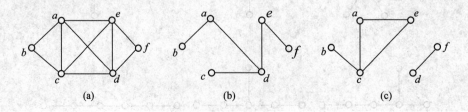

图 7.4 生成树和余树

需要注意的是，余树 $\overline{T_G}$ 不一定连通，也不一定不含回路。在图 7.4 中，图(c)不连通，同时含有回路。所以，余树不一定是树，更不一定是生成树。

一般地，一个图的生成树不唯一。设连通图 G 有 n 个结点，m 条边。由树的性质可知，生成树 T_G 有 n 个结点，$n-1$ 条树枝，$m-n+1$ 条弦。

要在一个连通图 G 中找到一棵生成树，只要不断地从 G 的回路上删去一条边，最后所得无回路的子图就是 G 的一棵生成树，称这种方法为"破圈法"。关于生成树有如下定理：

定理 7.3 无向图 G 有生成树的充分必要条件是 G 为连通图。

证明 先采用反证法来证明必要性。

若 G 不连通，则它的任何生成子图也不连通，因此不可能有生成树，与 G 有生成树矛盾，故 G 是连通图。

再证充分性。

设 G 连通，则 G 必有连通的生成子图，令 T 是 G 的含有边数最少的生成子图，于是 T 中必无回路（否则删去回路上的一条边不影响连通性，与 T 含边数最少矛盾），故 T 是一棵树，即生成树。

7.2.2　最小生成树及其应用

下面讨论连通带权图的最小生成树。

定义 7.3 设 $G=\langle V, E\rangle$ 是一个连通的带权图，则 G 的生成树 T_G 为带权生成树，T_G 的树枝所带权之和称为生成树 T_G 的权，记为 $W(T_G)$。G 中具有最小权的生成树 T_G 称为 G 的最小生成树。

有很多实际问题可以通过求带权图的最小生成树来解决。例如，要修建一个连接若干个城市的高速公路网，已知修建直接连接两个城市 v_i 和 v_j 的公路建设费用为 w_{ij}，怎样设计这个连接所有城市的公路网，可以使得公路建设总费用最低呢？显然，这个问题就是求带权图的最小生成树问题。

下面介绍求最小生成树 T_G 的 Kruskal（克鲁斯克尔）算法，具体步骤如下：

(1) 在 G 中选取最小权边，置边数 $i=1$。

(2) 当 $i=n-1$ 时，结束；否则，转(3)。

(3) 假设已选择边为 $e_1, e_2, \cdots, e_i$，在图 G 中选取不同于 $e_1, e_2, \cdots, e_i$ 的边 e_{i+1}，使得 $\{e_1, e_2, \cdots, e_i, e_{i+1}\}$ 无圈且 e_{i+1} 是满足此条件的最小权边。

(4) 置 i 为 $i+1$，转(2)。

该算法的基本思想是，依边权从小到大的次序，逐边将它们放回到所关联的结点上，但删去会生成回路的边，直至产生一个 $n-1$ 条边的无回路的子图。算法结束时得到的子图就是最小生成树（证明略）。此方法常被形象地称为"避圈法"。

一个图的生成树不唯一，同样地，一个带权图的最小生成树也不一定是唯一的。若满足条件的最小权边不止一条，则可从中任选一条，这样就会产生不同的最小生成树。

例 7.4 求图 7.5(a)中带权图的最小生成树。

解 因为图 7.5(a)中 $n=8$，所以按算法要执行 $n-1=7$ 次，求得的最小生成树如图 7.5(b)所示。

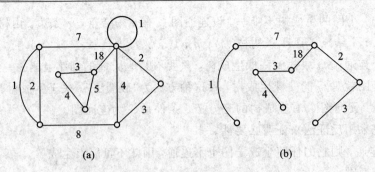

图 7.5　例 7.4 图

例 7.5　图 7.6(a)所示的带权图 G 表示五个城市 A、B、C、D、E 及架起城市间直接通信线路的预测造价。试给出一个设计方案，使得各城市间能够通信且总造价最小，并计算出最小造价。

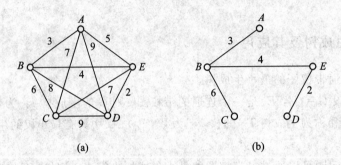

图 7.6　例 7.5 图

解　该问题相当于求图 G 的最小生成树问题，此图的最小生成树如图 7.6(b)所示，因此按图 7.6(b)架线可使各城市间能够通信，且总造价最小，最小造价为

$$W(T_G) = 2 + 3 + 4 + 6 = 15$$

7.3　根　　树

7.3.1　根树与 m 叉树

前面讨论的树都是无向图中的树，即无向树。下面简单介绍有向图中的树，即有向树。

定义 7.4　一个有向图，若不考虑边的方向，它是一棵树，则称这个有向图为有向树。一个结点的入度为 0，其余所有结点的入度都为 1 的有向树称为根树。其中入度为 0 的结点称为树根，入度为 1、出度为 0 的结点称为树叶，入度为 1、出度不为 0 的结点称为内点，内点和树根统称为分支点。从树根到任意结点 v 的距离称为 v 的层数，所有结点的最大层数称为树高。

例如，在图 7.7(a)所示的根树中，v_1 为树根，v_5、v_6、v_8、v_9、v_{10}、v_{12}、v_{13} 为树叶，v_2、v_3、v_4、v_7、v_{11} 为内点；v_1 的层数为 0，v_2、v_3、v_4 的层数为 1，v_5、v_6、v_7、v_8、v_9 的层数为 2，v_{10}、v_{11}、v_{12} 的层数为 3，v_{13} 的层数为 4；这棵树的树高为 4，在树叶 v_{13} 处达到。

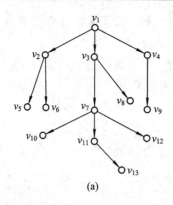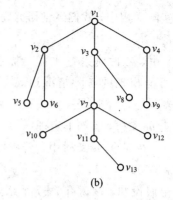

图 7.7 根树

在画根树时，我们通常习惯使用"倒置法"，将树根画在最上方，树叶画在下方，有向边的方向向下或斜下方，这样就可以省去根树各边上的箭头。例如，图 7.7(a)中所示的根树可画成图 7.7(b)。

常将根树看成家族树，家族中成员之间的关系由下面的定义给出。

定义 7.5 在根树中，若从 v_i 到 v_j 可达，则称 v_i 是 v_j 的祖先，v_j 是 v_i 的后代；又若 v_i 邻接到 v_j，则称 v_i 是 v_j 的父亲，v_j 是 v_i 的儿子；如果两个结点是同一结点的儿子，则称这两个结点是兄弟。

定义 7.6 在根树中，任一结点 v 及其所有后代和从 v 出发的所有有向路中的边构成的子图称为以 v 为根的根子树。根树中结点 u 的子树是以 u 的儿子为根的根子树。

注意区分以 v 为根的根子树和 v 的子树，以 v 为根的根子树包含 v，而 v 的子树不包含 v。

在真正的家族关系中，兄弟之间是有大小顺序的，为此引入有序树的概念。

定义 7.7 如果在根树中规定了每一层次上结点的次序，则这样的根树称为有序树。一般地，在有序树中规定同一层次结点的次序是从左至右。

根据根树中每个分支点的儿子数以及是否有序，可以将根树分成若干类。

定义 7.8 在根树 T 中，若结点的最大出度为 m，则称 T 为 m 叉树。如果 T 的每个分支点的出度都恰好等于 m，则称 T 为完全 m 叉树。若 m 叉树的所有叶结点在同一层，则称它为正则 m 叉树。二叉树的每个结点 v 至多有两棵子树，分别称为 v 的左子树和右子树。若结点 v 只有一棵子树，则称它为 v 的左子树或右子树均可。若 T 是（正则）m 叉树，并且是有序树，则称 T 为 m 元有序（正则）树。

例如，在图 7.8 中，图(a)是四叉树，图(b)是完全三叉树，图(c)是正则完全二叉树。

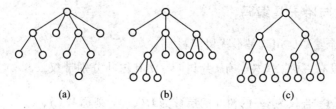

图 7.8 四叉树、完全三叉树和正则完全二叉树

在树的实际应用中，我们经常研究完全 m 叉树。由于二叉树在计算机中最易处理，所以应用最广泛的是二叉树。

例 7.6 甲、乙两队进行比赛，规定三局两胜。图 7.9 表示了比赛可能出现的各种情况（图中结点标甲者表示甲胜，标乙者表示乙胜），这是一棵完全二叉树。

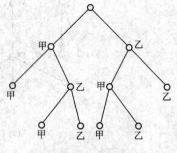

图 7.9 例 7.6 图

关于完全 m 叉树，有如下定理：

定理 7.4 在完全 m 叉树中，若树叶数为 t，分支点数为 i，则有 $(m-1)i=t-1$。

证明 由假设知，该树有 $i+t$ 个结点，由定理 7.1 知，该树边数为 $i+t-1$。因为所有结点出度之和等于边数，所以根据完全 m 叉树的定义可知，$mi=i+t-1$，即 $(m-1)i=t-1$。

例 7.7 设有 28 盏灯，拟公用一个电源，则至少需要多少个 4 插头的接线板？

解 把 28 盏灯看成树叶，将 4 插头的接线板看成分支点，这样本问题可理解为求一个完全 4 叉树的分支点的个数 i 的问题。

由定理 7.4 知，$(4-1)i=28-1$，由此得 $i=9$。所以至少需要 9 个 4 插头的接线板。

例 7.8 假设有一台计算机，它有一条加法指令，可计算 3 个数之和。如果要求 9 个数 $x_1, x_2, \cdots, x_9$ 之和，至少要执行几次加法指令？

解 用结点表示每个数，把 9 个数看成树叶，将表示 3 个数之和的结点作为它们的父亲结点。这样本问题可理解为求一个完全三叉树的分支点的个数问题。

由定理 7.4 知，$(3-1)i=9-1$，由此得 $i=4$。所以至少要执行 4 次加法指令。

图 7.10(a)、(b) 表示了两种可能的计算顺序。

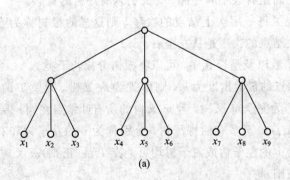

(a)   (b)

图 7.10 例 7.8 图

7.3.2 最优树与哈夫曼编码

二叉树的一个重要应用就是最优树问题。

定义 7.9 设有一棵二叉树，有 t 片树叶。使其树叶分别带权 $w_1, w_2, \cdots, w_t$ 的二叉树称为带权二叉树。若权为 w_i 的树叶的层数为 $L(w_i)$，则称 $W(T) = \sum_{i=1}^{t} w_i \cdot L(w_i)$ 为该带权二叉树的权。在所有带权 $w_1, w_2, \cdots, w_t$ 的二叉树中，$W(T)$ 最小的树称为最优二叉树。

例如，图 7.11 所示的三棵树都是带权 1、3、4、5、6 的二叉树，它们的权分别为

$$W(T_1) = 6 \times 3 + 3 \times 3 + 4 \times 2 + 5 \times 2 + 1 \times 2 = 47$$

$$W(T_2) = 6 \times 2 + 3 \times 2 + 5 \times 2 + 1 \times 3 + 4 \times 3 = 43$$

$$W(T_3) = 1 \times 3 + 3 \times 3 + 6 \times 2 + 4 \times 2 + 5 \times 2 = 42$$

其中，T_3 是最优二叉树。

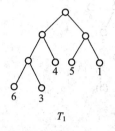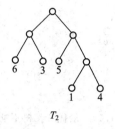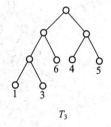

图 7.11　带权二叉树

1952 年 Huffman(哈夫曼)给出了求带权 $w_1, w_2, \cdots, w_t$ 的最优二叉树的方法：

令 $S = \{w_1, w_2, \cdots, w_t\}$，$w_i$ 是树叶 v_i 所带的权 $(i = 1, 2, \cdots, t)$。

(1) 在 S 中选取两个最小的权 w_i、w_j，使它们对应的结点 v_i 和 v_j 为兄弟，得一分支点 v_{ij}，令其带权为 $w_{ij} = w_i + w_j$；

(2) 从 S 中去掉 w_i、w_j，再加入 w_{ij}；

(3) 若 S 中只有一个元素，则停止，否则转到 (1)。

例 7.9　求带权 7，8，9，12，16 的最优二叉树，并计算它的权 $W(T)$。

解　图 7.12 给出了用哈夫曼算法求最优二叉树的过程，图(d)为最优二叉树，$W(T) = 9 \times 2 + 12 \times 2 + 7 \times 3 + 8 \times 3 + 16 \times 2 = 119$。

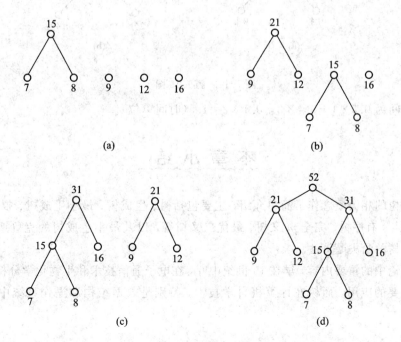

图 7.12　例 7.9 图

需要注意的是，最优二叉树不是唯一的。图 7.13 中的两个图都是带权 1、2、3、4、6 的最优二叉树。

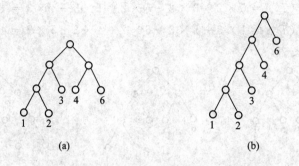

图 7.13 最优二叉树不唯一

例 7.10 用机器分辨一些币值为 5 分、2 分、1 分的硬币，假设各种硬币出现的概率分别为 0.5、0.4、0.1。如何设计一个分辨硬币的算法，使所需的时间最少（假设每作一次判别所用的时间相同，以此为一个时间单位）？

解 我们将这个问题归结为求带权 0.5、0.4、0.1 的最优二叉树问题，利用哈夫曼算法，结果如图 7.14(a) 或 (b) 所示。

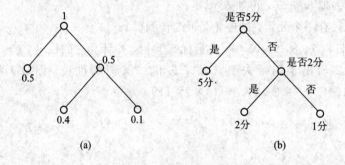

图 7.14 例 7.10 图

所需时间为 $0.5 \times 1 + 0.4 \times 2 + 0.1 \times 2 = 1.5$（时间单位）。

本 章 小 结

本章对树的相关概念作了简单介绍，主要包括树、生成树、最小生成树、根树、树根、树叶、分支点、有序树、完全 m 叉树、最优二叉树等，以及最小生成树的克鲁斯克尔算法及最优二叉树的哈夫曼算法。

树是图论中的重要内容，早在 19 世纪中叶，在电子通信技术和生物化学分析等领域就有着十分重要的应用。而树在计算机科学技术，特别是数据结构和操作系统中应用更为广泛。

习 题 7

1. 设 $G=\langle V, E\rangle$ 为 (n, m) 连通图,则要确定 G 的一棵生成树,必删去 G 的边数是 (　　)。

    A. $n-m-1$ B. $n-m+1$

    C. $m-n+1$ D. $m-n-1$

2. 设完全二叉树 T 有 t 片叶子 e 条边,则有(　　)。

    A. $e>2(t-1)$ B. $e<2(t-1)$

    C. $e=2(t-1)$ D. $e=2(t+1)$

3. 设有 33 盏灯,拟公用一个电源,则至少需要 5 插头的接线板的数目为多少?

4. 如果有一台计算机,它有一条加法指令,可计算 4 个数的和。现有 28 个数需要求和,它至少要执行几次这个加法指令?

5. 一棵树 T 有 2 个度为 2 的结点,1 个度为 3 的结点,4 个度为 4 的结点,1 个度为 5 的结点,其余均是度为 1 的结点,则 T 有多少个度为 1 的结点?

6. 图 7.15 给出的赋权图表示七个城市 a、b、c、d、e、f、g 及架起城市间直接通信线路的预测造价,试给出一个设计方案使得各城市间能够通信且总造价最小,并计算出最小造价。

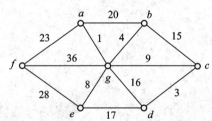

图 7.15　第 6 题图

7. 今有煤气站 A,将给一居民区供应煤气,居民区各用户所在位置如图 7.16 所示,铺设各用户点的煤气管道所需的费用(单位:万元)如图边上的数字所示。要求设计一个最经济的煤气管道路线,并求所需的总费用。

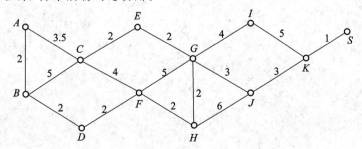

图 7.16　第 7 题图

8. 以给定权 2, 4, 5, 8, 13, 15, 18, 25 构造一棵最优二叉树。

9. 以给定权 1, 4, 9, 16, 25, 36, 49, 64, 81, 100 构造一棵最优二叉树。

参 考 文 献

[1] 魏雪丽. 离散数学及其应用[M]. 北京：机械工业出版社，2008.

[2] 左孝凌，李为鑑，刘永才. 离散数学[M]. 上海：上海科学技术文献出版社，1982.

[3] 屈婉玲，耿素云，张立昂. 离散数学及其应用[M]. 北京：高等教育出版社，2011.

[4] 屈婉玲，耿素云，张立昂. 离散数学[M]. 2版. 北京：清华大学出版社，2008.

[5] 陈琼. 离散数学及其应用[M]. 北京：机械工业出版社，2014.

[6] 殷剑宏，金菊良. 离散数学[M]. 北京：机械工业出版社，2013.

[7] ROSEN K H. 离散数学及其应用[M]. 7版. 徐六通，等译. 北京：机械工业出版社，2015.

[8] 傅彦，顾小丰，王庆先，等. 离散数学及其应用[M]. 北京：高等教育出版社，2007.

[9] 李盘林，赵铭伟，徐喜荣，等. 离散数学[M]. 2版. 北京：人民邮电出版社，2009.

[10] 曹晓东，史哲文. 离散数学及算法[M]. 北京：机械工业出版社，2013.

[11] 王元元，沈克勤，李拥新，等. 离散数学教程[M]. 北京：高等教育出版社，2010.